日本海軍戦艦スタイルブック

水谷清高図面集

Imperial Japanese Navy
Battleship Stylebook
Bridges and
supperstructures

水谷清高 著
大日本絵画

艦橋・上部構造物

水谷清高図面集
日本海軍戦艦スタイルブック
艦橋・上部構造物
Imperial Japanese Navy Battleship Stylebook
Bridges and supperstructures

Content

- 01 はじめに …………………………………… 4
- 02 "十二戦艦" 早分かりガイダンス
  - 021 太平洋戦争に参加した12隻の戦艦の概要 ………… 6
  - 022 「金剛」型（金剛・比叡・榛名・霧島）………… 7
  - 023 「扶桑」型と「伊勢」型（扶桑・山城・伊勢・日向）…… 9
  - 024 「長門」型（長門・陸奥）………………… 12
  - 025 「大和」型（大和・武蔵）………………… 13
- 03 開戦前の艦橋比較 …………………………… 15
- 04 戦艦「金剛」前部艦橋外貌の変化 ………………… 18

コラム
- 「金剛」型戦艦の主砲塔 …………………………… 103
- 「山城」の艦橋の最終状態についての考察 ……………… 121

05 戦艦「榛名」図面
- 051 前部艦橋 …………… 22
- 052 中央部煙突周り …… 32
- 053 後部艦橋 …………… 36

06 戦艦「霧島」図面
- 061 前部艦橋 …………… 38
- 062 中央部煙突周り …… 48
- 063 後部艦橋 …………… 52

07 戦艦「金剛」図面
- 071 前部艦橋 …………… 54
- 072 中央部煙突周り …… 65
- 073 後部艦橋 …………… 68

08 戦艦「比叡」図面
- 081 前部艦橋 …………… 70
- 082 中央部煙突周り …… 80
- 083 後部艦橋 …………… 84

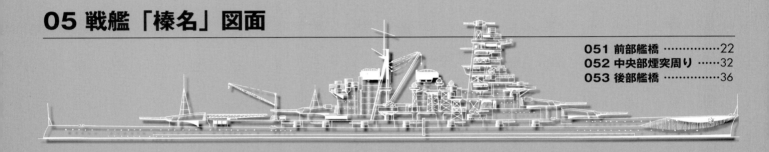

09 戦艦「扶桑」図面

091 前部艦橋 ……………86
092 中央部煙突周り ……97
093 後部艦橋 ……………100

10 戦艦「山城」図面

101 前部艦橋 ……………104
102 中央部煙突周り ……115
103 後部艦橋 ……………118

11 戦艦「日向」図面

111 前部艦橋 ……………122
112 中央部煙突周り ……132
113 後部艦橋 ……………135

12 戦艦「陸奥」図面

121 前部艦橋 ……………140
122 中央部煙突周り ……149
123 後部艦橋 ……………153

13 戦艦「大和」図面

131 前部艦橋 ……………158
132 中央部煙突周り ……168
133 後部艦橋 ……………173

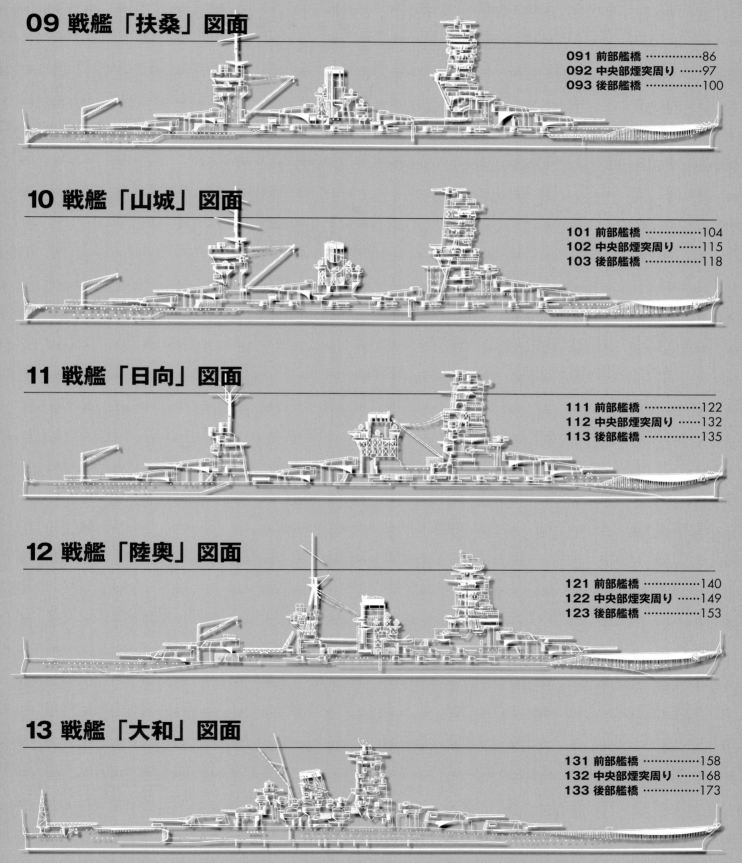

01. はじめに

「長門」「陸奥」・「扶桑」「山城」「伊勢」・「日向」・「金剛」「比叡」「榛名」「霧島」。大正時代に完成し国民に親しまれた10隻の戦艦、巡洋戦艦の名を順に並べると偶然かも知れませんが三十一文字(みそひと)に収まります。こんなところにもその艦名と共に日本の伝統文化が感じられます。そして昭和に完成した「大和」「武蔵」が加わり太平洋戦争を戦いました。

戦艦は太平洋戦争前まではその時代の先端技術を駆使し、虚飾を廃し合理的に造られた海上兵器で機能美の極致とも云え、それはまた国家国力の象徴でもありました。

しかし時のうつろいは戦艦に味方せず戦いの主力は航空機、航空母艦へと替ったのも周知の通りです。私は少年の時からこの戦艦に憧れていました。

この本は戦艦の構造等を解説するものではありません。私は船舶工学、軍艦の専門家でもなく、研究家でもありません。市井の模型工作好きの一愛好家にすぎません。1950年代半ば（昭和30年）頃は未だ軍艦に対する偏見もあってか、発表される資料（特に図面類）は極めて幼稚なものが多く、満足出来る模型を作るには程遠いのが実状でした。模型の細部は勿論、全体のプロポーションも「実艦写真と比べると何となく似ている」との表現がふさわしい程度のものでした。そんな不満足感も手伝い、自分で少しでも正確な模型を作るため写真を参考に寸法を割り出し作図し模型作りにいそしみました。

その後、同好の方々と巡り会う機会を得、公式資料も少しずつ入手出来、ある程度納得のゆく数の図面が集まって作図が可能となったのが1970年代半ば（昭和50年）頃と思います。

それ以来、入手出来た図面（特に戦艦類）に基づき作図、修正、加筆、書き直しを繰り返して漸くある程度満足のゆく図面集にまとめる事が出来ました。

個々に発表する図面、イラスト類の一部はこれまでにも雑誌あるいは同好会の会誌に発表したものですが、その後それらの殆どに修正、加筆を行なっています。

図面は全て太平洋戦争突入直前（昭和15～16年）の姿ですが、これは私の好みによるものです。

戦艦とはその搭載する主砲をもって対峙する的艦（敵艦）を屠ることを使命とします。

当時の写真を見ても判る通り鏡面の如く磨かれた砲身、艦橋壁面等、砲撃戦では絶対の自信に満ち溢れた姿こそ戦艦と云えます。残念ながら行なわれた戦闘でその主砲を生かせる機会は殆どありませんでしたが。

今までに発表された模型、イラスト等の多くは全艦に対空機銃を装備した最終時を示しています。一見すると勇ましい、しかし個人的見解ですが何とも痛ましい。そしてこの状態を少しでも正確な図

本書で掲載された立体的なイラストは、まず、上掲写真のような平面図をもとにした1/100スケールのペーパーモデルを作成し、それを撮影したものをベースとして描かれている。各層の平面図は現存する図面をもとに、不明な部分は水谷氏自身が自分の知識で補いながら製作したものだ。

はじめに

面に仕上げるには資料が乏しくかなり難しい。対空兵装、例えば機銃について云えば設置場所、それに伴う給弾方法（揚弾薬筒、弾薬筐の位置、数等）、艦橋構造物では対空見張員増加に伴う諸艦橋甲板の拡張等不明部があまりに多いのが実状です。

掲載の図面、イラスト類は上部構造物のみであり、船体、艤装品等はありません。船体に関しては残念ながらリサーチ、そして作図に至るまでの私に残された時間は少なく、図面等の発表、入手があと5年ほど早ければと思いましたが、これも諸般の事情故で止むを得ないところでしょうか。

艤装品等に関しては既に優れた研究成果が発表されており、それらを参照してください。

作図は公式資料（完成図、構造図）に基づき寸法割り出しを第一とし、完成模型のプロポーションが正しく出る様にしました（「伊勢」型以外は主要寸法は判明しており、不明部はそれを基に推算。「伊勢」型は「扶桑」型を参考としましたが採用値は97〜98％位の正確度と確信。「大和」型以外はメートル法とヤードポンド法表示が混在）。また正面図にキャンバー（甲板の反り）は描き入れていません。これは部分図ゆえ正確な曲線が表せなかったためで、各艦共船体最大幅で10〜12インチ程の値です。また公式資料（図面類）の内容に精粗があり、したがって作図表現にもそれが反映されることをご承知ください。

イラストは作図した図面に基づき1/100の簡単な模型（写真参照）を作り、自然な画角を持つレンズで撮影、これを手本とし肉付けをして完成させました。やはり正しいプロポーションを目的としており、細部における誇張、省略がありまた一部のイラストには艤装品（小型測距儀、探照燈等）を描き入れてありますが、これらが実物と異なる点はお許しください。

最後にこの本をまとめるに当たり、多くの方々からお力添えを頂きました。特に資料収集では塚本英樹、脇田直紀、田中安啓、岡田章雄の4氏、またネイビーヤード会員の諸氏、さらに本書の企画編集に当たって格別のご協力を頂いた畑中省吾、後藤恒弘の両氏、ここにご芳名を記し感謝御礼とさせていただきます。

水谷清高

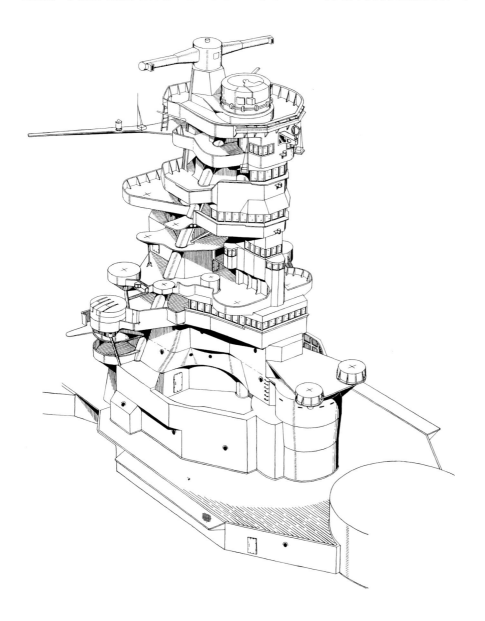

02. "十二戦艦" 早分かりガイダンス

021 太平洋戦争に参加した12隻の戦艦の概要

日露戦争最後の日本海海戦で勝利を収めた日本海軍は、戦利艦および戦中から戦後にかけて建造した戦艦群で量的には充分であった。しかし、戦争終結後はそれまでの12インチ砲4門型戦艦が長く君臨するという時代は終り、造艦造兵技術が飛躍的に発達を遂げることになる。

1906年（明治39年）イギリス海軍の「ドレッドノート」の出現により多大な費用と時間をかけて修復した戦利艦は勿論のこと、戦中から戦後にかけて建造し、あるいは建造中の戦艦群は一挙に旧式艦となってしまった。

日本が「河内」「摂津」を建造していた頃（1910年代）イギリスでは「ドレッドノート」を超える巡洋戦艦「ライオン」級を建造中であった。

国際政治情勢に鑑み、日本海軍も質的不足を補うため、このクラスの軍艦4隻の建造を決定した。これに伴い大型艦の建艦経験が無かったこともあり、技術輸入も兼ねてイギリスに発注した超弩級巡洋戦艦が「金剛」である。

「金剛」型の基本設計は日本人技術者によるものであるが「ライオン」級がそのベースとなり改良強化されたものであった（後の研究者によれば英戦艦「エリン」の巡洋戦艦版とする説もある）。

主砲は当初50口径12インチ砲を予定していたが列強海軍の動向を見て一挙に45口径14インチ砲に拡大した。

巡洋戦艦とは戦艦と同等の大口径砲を備える反面、装甲は戦艦よりやや薄く、艦全体を軽く設計し、その代わり大出力の缶で巡洋艦と同等の速力を持った軍艦をいう。

したがって艦型は戦艦よりもやや細くスマートな形をしている。

2番艦「比叡」は呉工廠で、3番艦「榛名」と4番艦「霧島」はそれぞれ民間の川崎神戸、三菱長崎各造船所で「金剛」とまっ

たく同じ設計図で建造され、大型艦建造技術の修得に大いに役立った。「金剛」の使用経験から3艦すべてに艦橋周辺、煙突位置などに、更に「榛名」「霧島」では砲塔にも少し改良が加えられた。

「金剛」を参考として設計段階で各種の試行錯誤を重ねて決定されたのが「扶桑」型戦艦である。主砲型式も最終的に「金剛」型と同じとされ、連装6基12門の装備となり、完成時は世界一の戦艦であった。

二番艦「山城」は「金剛」型の場合と同様に「扶桑」に対し艦橋周辺に一部改良が加えられた。

「扶桑」型は4隻計画されたが、3番艦着工の予算成立にやや時間を要し、またその間にも技術進歩があり、さらに列強海軍の動向も織り込み、改「扶桑」型として完成したのが「伊勢」型（「伊勢」「日向」）である。

「伊勢」型は「扶桑」型と比較すると弾火薬庫の強化とそれに適する主砲配置の変更、水中防御の改善、速力の向上などが図られ、これにより改装後の「伊勢」型は「扶桑」型よりはるかに有力な主力艦に生まれ変わる事が出来た。

続く「長門」型はいわゆる八八艦隊計画16隻の最初の戦艦で、世界で初めて16インチ砲を搭載した。「長門」は1917年（大正6年）8月の着工であるが、前年のジュットランド沖海戦の戦訓により水平防御に問題が生じたため大規模な設計変更が行なわれ、1920年（大正9年）11月に完成した。

舷側甲鈑は従来型を改め集中防御方式とし、水平防御も大落角の命中弾にも耐え得る構造とされた。前檣楼や艦首形状はそれまでの戦艦とは大きく異なり、日本独自の外貌となった。

「長門」の完成は列強に大きな影響を与

え、各国は16インチ砲搭載の主力艦建造を計画したが、第一次大戦による国力の疲弊は思うような建艦実施を許さず、軍縮会議を催すきっかけともなった。

2番艦「陸奥」は「長門」では中途半端に終った設計変更を徹底的に行なう計画もあったが、完成期日の遅れによる軍縮条約締結内容への影響が懸念されたため「長門」と同じ内容で完成した。そして改「長門」型の設計理念はそれ以後の「加賀」型、「天城」型で採用されたが、軍縮条約発効により実現しなかった。

したがって「長門」型までの日本戦艦群はジュットランド沖海戦の戦訓を採り入れたいわゆるポストジュットランド型ではなかった（「長門」型も完全とはいいきれない）。

ワシントン、ロンドン両軍縮条約により新造艦の建造は15年間認められず、その代わり在来艦が旧式となるのを防ぐため、一定範囲内での改造が許されていた。

勿論ジュットランド沖海戦以前においても、最新の性能を保持するための改造改良工事は常に行なわれていたが、個艦が15年もの長きにわたり第一線の性能を持ち続けるためには、条約限度内での大規模な近代化改造工事を実施する以外に方法はなかった。

近代化工事には、成立した予算内容から年度ごとの"改善計画（年度改善工事という）"と1〜2年以上の大工事を必要とする"改造計画"とがあった。戦艦、巡洋艦など大型艦に対する大工事計画を一般に"改装"と称し「榛名」の"第一次改装"の際に使用された（戦艦、潜水母艦の航空母艦への改造工事は改装とはいわない。これは艦種の変更を伴う"改造"である）。

「長門」型までの戦艦群に実施された年度改善工事には前檣楼の整備、主砲、

副砲の仰角引き上げ、探照燈の強化、弾着観測法の改良（気球から飛行機への移行）、水雷防御網の撤去、対空兵装の強化、応急注排水装置の整備、各施設の新設（例えば電探室）・改良などがあった。これに対し大工事となる改装工事とは缶、主機（タービン）の交換、装甲の増加、バルジを加えるもので、一挙に艦の近代化、新式化を図る内容であった。また、これら改装工事中であっても年度改善計画工事は併せて実施された。

改装実施期日が後になった「伊勢」型、「長門」型ではその完成期が軍縮条約明けと見込まれたため、条約制限を超える

改装内容が盛り込まれ、きわめて大規模に行なわれた。

軍縮条約の廃棄によりそれまでに蓄積された建艦技術をすべてつぎ込んで建造されたのが、世界で最初に18インチ砲を搭載した「大和」型である。

同型艦4隻の建造が実施され（「大和」型の次の計画1番艦は改「大和」型として船体線図、主砲配置法などは「大和」型がそのまま流用された）、1941年（昭和16年）暮れに1番艦「大和」、つづいて2番艦「武蔵」が戦艦として完成。3番艦「信濃」は空母へ改造のうえ完成、4番艦は開

戦により工事中止解体の途をたどった。

太平洋戦争では戦艦の出番はなく、唯一高速利便性を買われた「金剛」型のみが縦横無尽の活躍をしたに過ぎなかった。結果のみを云々すれば「金剛」型以外の八大戦艦は全くといっていいほど戦局に寄与することはなく（勿論これには用兵側の問題がある）、もしこれら戦艦群がなかったとすればその維持力は他に転化され、戦局はまた別の展開があったと思われる。

022 「金剛」型（金剛・比叡・榛名・霧島）

「金剛」はイギリス海軍「ライオン」級の改良型としてヴィッカース社（英国）に発注された外国建造最後の艦である。

その主な改良点は主砲の配置で、両艦とも連装4基8門の装備であるが「ライオン」級は3番砲塔を艦の中央、4番砲塔は後部に置いたが、「金剛」は3番砲塔を後部艦橋の後ろ、4番砲塔は「ライオン」級と同じ後部の配置とした。つまり、3番砲塔がより後方に移った格好となったが、これは「ライオン」級は缶室を前後2室に分けその中間に3番砲塔を置いたのに対し「金剛」は缶室を中央で一つにまとめ、その後ろに3番砲塔を置いたからである。これにより3番砲塔は後方射界が広く取れると同時に、艦橋に対する爆風の影響を緩和することが出来た。

防御関係も舷側甲鈑をやや薄くし、その分を砲塔や舵取り機室の強化に回した。

副砲は15cmを採用（「ライオン」級は10cm）、魚雷発射艦も8門（同2門）を装備、これは日露戦争の戦訓などに基づいたものであった。艦首は従来どおり上部が突き出たクリッパー式とし、フレヤーを大きくとり凌波性の向上を図った。

前後マストは三脚檣を採用、これは砲戦で簡単に倒壊しない対策で、これも日露戦争の経験に基づいている。

2番艦以降は既述のごとく国内で建造

され「金剛」の使用実績により少しずつ改良が加えられた。「金剛」の前部煙突は艦橋に近くにあって、煙の逆流が認められ、航海、戦闘に相当の支障を来したため、3艦とも第1および第2煙突とその関係諸室位置をやや後方に変更、さらに第1煙突頂部を少し高め、また前部艦橋、操舵室を拡大、探照燈台も改正した。

更に「金剛」は3番砲塔後部に強度上問題があったため、同様に3艦とも上甲板の上部構造物の全幅を挟めて（「比叡」がもっとも狭い）区画容積を少し切り詰めた。

「金剛」は1913年（大正2年）8月に完成、「比叡」はその翌年8月、「榛名」「霧島」も2年後の1915年（大正4年）4月にそれぞれ完成、「金剛」型巡洋戦艦4隻がそろったが艦隊に編入されても1～2艦が常に予備艦とされ、全艦そろって戦隊を編成することはほとんどなかった。これは最新状態を保つため常に改良工事が行なわれた結果であり、特に「榛名」は砲塔事故などで予備役の期間がかなり長かった。

年度ごとの工事については別項に譲るが、ジュットランド沖海戦とワシントン軍縮条約に基づく近代化工事となる"第一次改装"が「榛名」を1番艦に順次実施された（1924年/大正13年）。さらにロンドン条約に従い「比叡」のみは装甲および4番砲塔を撤去し、戦艦籍から外され練習戦艦となった。

"第一次改装"の主な内容はまず水平及び水中防御の拡充で、水平防御は弾薬庫、機関室直上に装甲を追加、水中防御は舷側外鈑に装甲を追加貼り合わせるとともに外鈑の外側にバルジを設け浮力の増加を図った。

さらに缶は従来の石炭重油混焼缶を重油専焼缶（一部混焼缶あり）へ換装、これにより缶数は減少、煙突は2本となった。

そのほか前檣楼の改造・整備、水上偵察機の搭載などの工事を行ない、各艦それぞれ艦隊へ復帰した。その後も逐次改造が実施された。

主なものはカタパルトの装備、対空8cm砲を新採用の12.7cm高角砲に換装、40mm機銃の装備などで、目的は弾着観測法の改良、対空兵装の充実であった。

この頃（1930年代中頃/大正期後半）造機技術の発達は特に著しく、再び缶および今回は主機（タービン）も同時に交換、さらに艦尾を延長して艦型を新造時に近い形状とすれば30ノットの高速が出せることが分かり、再び大きな改装が行なわれた。"第二次改装"である。

缶はすべて大容量の重油専焼缶に、タービンは新型（艦本式ギャードタービン）4基に換装され、出力は13万6000馬力、新造時（6万4000馬力）の倍以上となった。

主砲、副砲の最大仰角はそれぞれ43度、

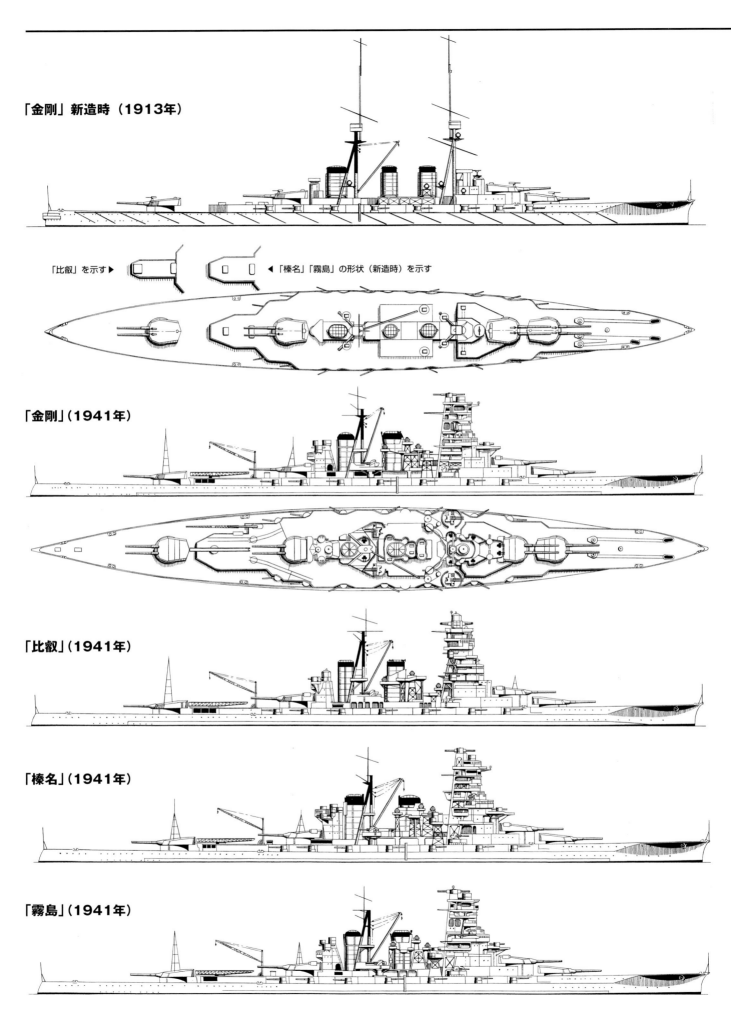

"十二戦艦" 早分かりガイダンス

30度に引き上げられ、主砲の最大射程は3万mを越えた。カタパルトも新型のものに換装、位置も艦中心線上に改められた。

主砲の射程延長に伴い射撃指揮装置類を大幅に刷新、前檣トップには九四式方位盤（「榛名」のみ換装は開戦後）とその後方に10m二重測距儀を支持構造とともに装備、従来の方位盤は新製（「榛名」のみ改造とされた）された後部艦橋上に移され予備指揮所とした。

そのほか副砲、高角砲方位盤も新型に換装、探照燈も整備された。

練習戦艦となっていた「比叡」は、条約廃止により再度戦艦に戻し他の「金剛」型と同一の戦艦群を組むことが決まった。改装にあたって水中防御に傾斜装甲を装備することも検討されたが、技術的には可能なものの改造に多大な時間を要することから、結局従来と同じ内容の改造とされた。しかし、他の3艦は乾舷がやや沈み気味であることから、バルジのみ約1m幅を増して計画通りの吃水値を維持した。

そのほか応急注排水装置、前部艦橋構造などは「大和」型の実用実験艦とされ、他艦と異なる内容となった。方位盤も新型を搭載し、上部構造物外貌もほかの3艦とはやや異なっている。

改装なった4艦は開戦までに防空指揮所新設、応急注排水装置（「比叡」はすでに実施済み）、バルジ内への水密管充填舷外電路装着など出師準備工事を完了して参戦、大戦中は電測兵器、対空機銃の増備（残存した「金剛」「榛名」のみ）が行なわれた。

その高速性が買われ大いに活躍したが、最後まで生き残ったのは「榛名」1隻であった。

023 「扶桑」型と「伊勢」型（扶桑・山城・伊勢・日向）

巡洋戦艦「金剛」型4隻に対応する戦艦戦隊を編成する計画から生まれたのが「扶桑」型4隻の戦艦である。予算成立の関係でまず「扶桑」「山城」の2隻が建造された。

「扶桑」の基本計画は1909年（明治42年）に着手されたがそれは「金剛」と同時であった。「金剛」型を参考として各種各様の設計が行なわれ、着工は1912年（明治45年/大正元年）3月、3年8ヵ月後の1915年（大正4年）8月、呉工廠で完成した。

備砲は「金剛」と同じ連装45口径14インチ砲に決まり、6基12門を船体中心線上に配置、この門数の搭載は他に例がなく、完成時には排水量約3万6000トン、速力22.5ノットの世界最大の戦艦であった。主砲配置に特徴があり、1、2番と5、6番砲塔を前後部に背負い式に置き3番砲塔は前後煙突の中央に、4番砲塔は後部煙突と後檣の間に置いた。

すなわち「ライオン」級と同じく缶室を2つに分離し、その間に3番砲塔を、後部缶室と機械室の間に4番砲塔を置いた。結局、主砲は全艦に平均して置かれた格好となり、最上甲板が5番砲塔まで延びたため副砲配置に余裕が生じ艦内スペースは充分となった。

しかし、主砲一斉射撃時に爆風が全艦を覆い、特に艦橋への影響が大きくなったことは欠点とされた。

2番艦「山城」は「扶桑」に遅れること2年、横須賀工廠で完成、やはり「扶桑」の使用経験から細部に改良が加えられた。「扶桑」ではセルター甲板が2番砲塔バーベットと離れていたが「山城」は「金剛」型と同じくバーベットと接する形に拡張され、司令塔は床面積を増して「扶桑」の長円形から真円に近い形状となり、また三脚檣支柱の傾斜角も後方および左右へともにやや拡げられ安定性を増した。

「扶桑」「山城」の完成後しばらくして、列強各国は排水量、備砲ともにこれを上回る戦艦を完成させ、両艦が世界一の座にとどまる期間は短かった。

このように列強各国が競って大艦を造る時代であったが、「扶桑」型のような大艦を国内で建造できたことは海軍の造艦技術に対する自信となりその存在価値はきわめて大きかった。

「扶桑」型の3、4番艦「伊勢」「日向」は予算成立の遅れを幸いとし「扶桑」型の実績とその後の建艦技術の進歩をとりいれ、全く別設計の軍艦として建造された。

火薬庫の防御強化とそれに伴う主砲配置の変更、水中防御の改善、速力の向上などが主な改良点である。

また、戦艦として初めて方位盤を前檣頂に搭載した。改「扶桑」型は「伊勢」型と呼ばれ、最大の改良点は3、4番主砲塔の配置を改めた事で、すなわち缶室を中央にまとめてその後部に両砲塔を背負

い式に置き、主砲を全体として、3群に分散した。

そのため砲火指揮が容易となり艦橋に対する爆風の影響も減少し、砲戦能力は「扶桑」型よりはるかに向上した。

反面、最上甲板の範囲は3番砲塔までと「扶桑」型より短く、したがって艦内区画は狭くなり、副砲配置にも余裕なく前部に集中する格好となった。

副砲は日本人の体格に合わせてそれまでの6インチ砲を5インチ砲とし、人力給弾を容易にした。

「扶桑」「山城」の近代化改装は「金剛」「比叡」改装着手の翌年となる1930年（昭和5年）に両艦ともに開始されたが、「扶桑」は一次と二次に分け、「山城」はそれらを併せて一度に実施された。「扶桑」が2回に分けられたのは当時の国際政治情勢を反映してのことである。

すなわち、満洲事変、上海事変などが勃発して日米関係が極度に緊張したため、有事の際は両艦とも短期で艦隊復帰が出来る工程で工事が進められた。そして「扶桑」のみ工事を途中で打ち切って艦隊に復帰させ、政治情勢が改善したのち残存工事（艦尾延長、バルジの追加装備）を実施したものと考えられる。

「山城」は「扶桑」の実績を織り込んで工事を継続、両艦とも1935年（昭和10年）に予定工事を完了した。

改装内容は両艦とも缶と主機械をすべ

9

「扶桑」新造時（1915年）

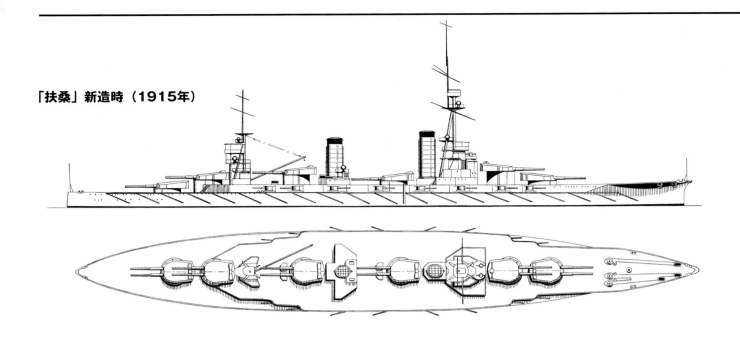

「扶桑」（1941年）

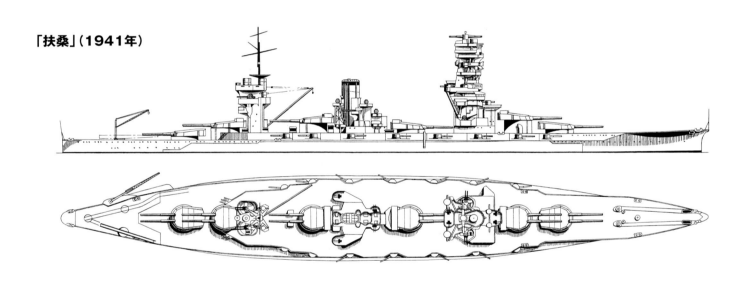

「山城」（1941年）

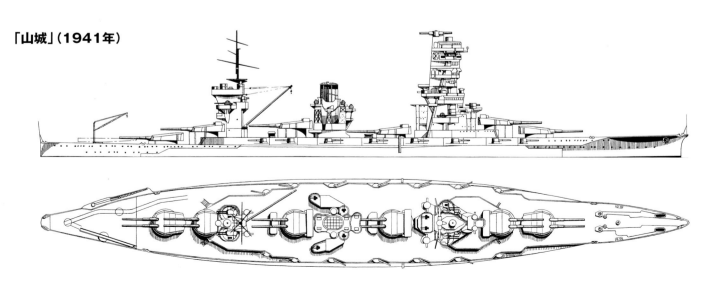

"十二戦艦"早分かりガイダンス

て換装（缶性能が向上し、「金剛」型と異なり一回の換装で済んだ）、バルジの装着、艦尾延長、主・副砲の仰角引き上げ、檣楼の整備など「金剛」型とほぼ同じである。

「扶桑」型は缶区画が3番砲塔で二分されており、一方の区画で所定の馬力の缶を収めることは不可能なため、やむを得ず後部区画に缶数を減らして搭載した。

それにより戦艦群中でもっとも足の遅い戦艦となった。

3番砲塔を撤去、缶容量を充分にして高速化を図るべきだったとも考えられるが、当時主砲数を減らす構想はなかったようだ。

飛行機搭載実験艦として「扶桑」は3番砲塔上にカタパルトを置いたため、前檣楼の外貌が周知のごとく独特な形を呈した。

「伊勢」型の改装はまず1934年（昭和9年）に「日向」、続いて翌年「伊勢」に実施されたが、改装完成時期が軍縮条約廃棄後と見込まれたため、きわめて大規模に行なわれた。

内容は「扶桑」型とほぼ同じであるが特に水平防御と弾火薬庫防御を重点的に強化し「扶桑」型よりはるかに有力な鑑となった。

缶室も「扶桑」型と異なり原設計で一区画となっており重油専焼缶を8基搭載、

速力も25ノットを超えた。

ミッドウェー海戦後、空母不足を補うため5、6番砲塔を撤去して飛行甲板（滑走は出来ない）を設置、航空戦艦に改造されたが、搭載を予定した飛行機は間に合わず、結果的に改造に費やした貴重な資材と時間はまったくの無駄となった。

「扶桑」型はその低速旧式ゆえに予備的な運用に回され、最後はおとり部隊として出撃、その生涯を終えた。

「伊勢」型は2隻とも前線から無事帰還したが燃料はすでになく予備艦となって米軍機の攻撃を受け大破着底の姿で終戦を迎えた。

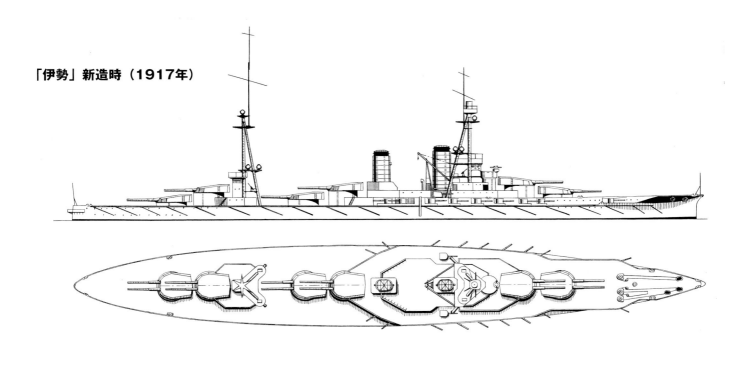

「伊勢」新造時（1917年）

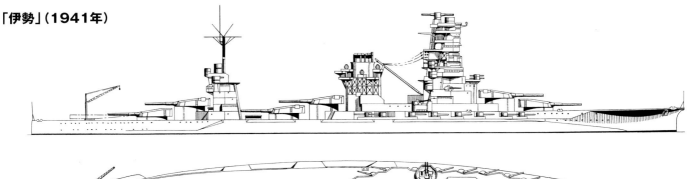

「伊勢」（1941年）

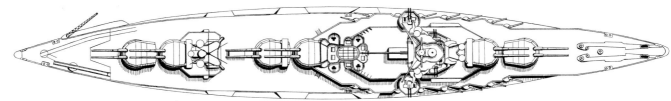

024 「長門」型（長門・陸奥）

　「長門」は1914年（大正3年）当時の海軍が計画した第一線の艦隊編成を艦齢8年未満の戦艦8隻と同じく巡洋戦艦8隻からなる、いわゆる八八艦隊の1番艦である。

　具体的計画は1916年（大正5年）に始まり、列強各国に対抗できるよう16インチ砲の搭載を予定し、その起工は翌年8月であった。

　当初の外貌は従来艦とほぼ同じで、例えば前檣は三脚マストとし、主砲は連装4基を前後に2基ずつ背負い式とする配置であったが、計画中に欧州で英独の戦艦・巡洋戦艦が戦ったジュットランド沖海戦の戦訓をとりいれて設計内容の変更が行なわれた。

　改善されたのは防御の集中化と水中防御の強化で、船体の主要部（いわゆるバイタルパート）に集中的に装甲を設けた。水中防御は舷側装甲の下端から下方内側に傾斜した防御隔壁を配し、これも鋼鈑を3枚重ねた。これらにより原設計より重量が1300トンほど増加したとされる。

　缶は大容量の重油専焼缶と混焼缶とされ、主機も最新のギヤードタービンを搭載、速力は26.5ノットを記録した。

　これは当時の巡洋戦艦に匹敵し、当然この数値は秘密とされた。外貌では艦首に特徴があり従来の「扶桑」型などとは異なり、当時採用された一号機雷を乗り切るため、水線付近で60度の傾斜をもち上部は垂直とする独特の形状をなした。また、41cm主砲の最大射程は3万mを超えたため、これに伴い最初から方位盤と基線長10mの大測距儀の搭載が予定され設計当初の三脚マストに代えて耐震性にすぐれる櫓式を採用した。

　これは中心のマストを周囲6本の支柱で支える頑丈な構造であった。

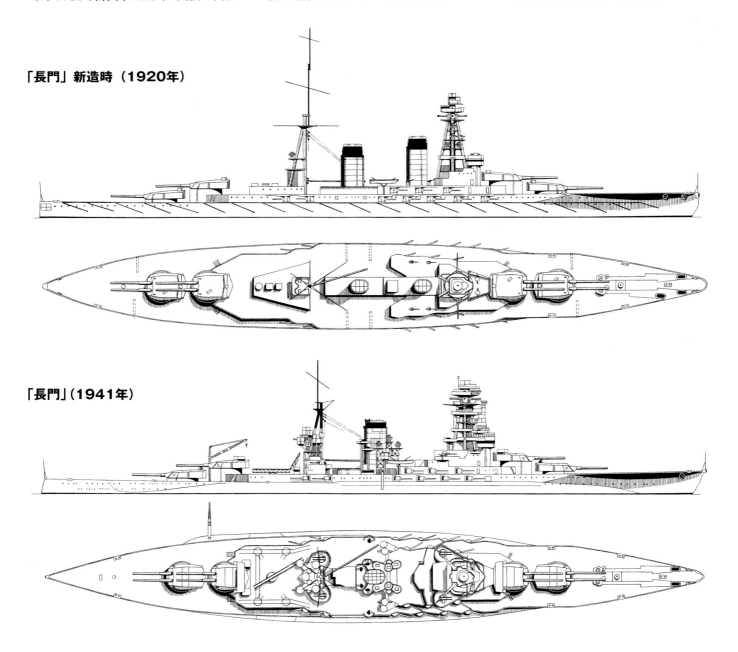

「長門」新造時（1920年）

「長門」（1941年）

"十二戦艦" 早分かりガイダンス

副砲は「伊勢」型と同じ14cm砲で、上甲板と最上甲板舷側両舷に20門を装備し1920年（大正9年）11月に完成した。

「長門」の設計改正で従来のイギリス式から脱却した純日本式とも言える内容が確立し、外貌もそれまでの戦艦とはかなり異なった印象を与えた。

既述の通り「長門」の完成は軍縮会議の開催を促すきっかけとなったが、「長門」より1年遅れて起工された「陸奥」は既成艦としての扱いを受けるべくその完成が急がれた。

「陸奥」では「長門」で不充分だった設計改正を充分に加味する内容で検討された。

すなわち、わずかな排水量増加で徹底した集中防御化とバランスのとれた主砲数増加（連装2基と3連装2基をそれぞれ背負い式に前後部に配置）を図り実現の見通しもついたが（これを「陸奥変体」と呼んだ）、完成期日の遅れは否めず、結局「長門」と同じ内容で建造、「長門」完成のほぼ1年後の1921年（大正10年）10月に完成した。

完成時「長門」と比べ、外貌で檣楼上部や主砲塔測距儀などに若干の変更点があった。

両艦ともそれ以前の戦艦群と比べるとはるかにポストジュットランド型設計になっており、大きな改造の必要はなく、常に艦隊の第一線として君臨した。

新造以後の外貌上の大きな変更点として第一煙突の屈曲化があげられるが、これは「金剛」の場合と同じく煙の逆流を防ぐためであった。

また「陸奥」のみ艦首の波切りをよくする改造が行なわれたが、結果は予期したほどでなくその時点で「長門」には実施されなかった。そのほか年度ごとの改善工事は他艦と同様に実施された。

ワシントン、ロンドン軍縮条約に基づく近代化改造も旧式艦の工事がだいたい完了した1934年（昭和9年）から「長門」「陸奥」両艦同時に行なわれた（「金剛」型の"第二次改装"工事開始もこの頃である）。

工事完了が軍縮条約破棄後と見込まれたため「伊勢」型と同じく制限枠を超える大規模な工事内容であった。

缶の換装、水平垂直防御の改善、中央部防御の強化、各兵装の近代化、檣楼の整備など内容は在来艦と同じであっても規模が異なった。

缶はすべて大容量の重油専焼缶に換装、これにより煙突は太い一本のものに替わったが、主機は従来のままとされた。

装甲の追加装備で排水量が増したため、他艦と同じくバルジの装着と艦尾延長工事を実施、速力は25ノットとやや低下した。

主砲塔は「加賀」型用に準備されたものを仰角を引き上げたうえ一部を改造して搭載、副砲の仰角も他艦と同じく引き上げられた。

主砲方位盤も新型の九四式が載せられ、従来のものは後部艦橋頂に移設し予備指揮所とされた。そのほかの光学兵器も新型に換装、両艦とも1936年（昭和11年）に完成、外貌は一変して重厚なものとなった。開戦までの間に25mm機銃の装備、防空指揮所新設のほかに出師準備工事として応急注排水装置、バルジ内への水密管充填などが実施された。

大戦中は戦艦の航空機に対する脆弱性が露呈し、また低速のため（実用最大速力は22〜23ノットくらいといわれている）二線的配備が多かった。

「陸奥」は1943年（昭和18年）6月に原因不明の爆発事故で失われ、残った「長門」にはその後機銃増設、電探装備などの工事が行なわれた。

「長門」は戦艦部隊を中心とした作戦に参加し無事帰還したが、その後予備艦となり終戦を迎えた。生き残った唯一行動可能な戦艦で、ビキニ環礁において原爆実験に供され、その生涯を終えた。

025 「大和」型（大和・武蔵）

1934年（昭和9年）に軍縮条約廃棄を通告した日本は、新艦隊の計画を正式に開始した。しかしこの年には友鶴事件がありその対策の影響で、実際のスタートは翌35年に入ってからとされる。

軍令部の要求内容は、主砲18インチ（46cm）砲8門以上、副砲15.5cm砲3連装4基または20cm砲連装4基、速力30ノット以上、防御力は主砲弾に対し2万〜3万5000m以上の距離に耐えること、航続力は18ノット航行で8000カイリなどであった。

これに基づいて数多くの設計案が作られ検討の結果、排水量約6万1000トン、主砲46cm砲3連装3基、副砲15.5cm砲3連装4基、速力27ノットという最終案が出

されたのは1935年（昭和10年）秋頃（これと異なる説もある）であった。

設計の特徴は集中防御方式で防御区画を抑え、艦型を極力小さくすることとされた。途中主機の変更（当初主機の半分はディーゼルとされたが、すべてタービンに変更）があったが、1番艦「大和」は1937年（昭和12年）11月に着工、1941年（昭和16年）12月に完成した。太平洋戦争は「大和」の完成をにらんで行なわれたとされる。

2番艦「武蔵」は1938年（昭和13年）3月に着工、1942年（昭和17年）春の完成を見込んでいたが、開戦による軍令部の強い要求で司令部施設拡充の改造が行なわれ、半年ほど後の1942年（昭和17年）

8月に完成した。

3番艦「信濃」、4番艦（「紀伊」と命名される予定であったともいわれる）は既述のとおりである。

「金剛」型から始まった日本戦艦のデザインは、イギリスの流れをくみ「長門」型で一応独自のものが完成されたが、途中15年余りの建艦休止期間があり、その間の各艦の使用実績に基づいた研究改良と蓄積された技術が「大和」型で開花されたといえる。例えば櫓式の檣楼から重巡洋艦に採用されていた箱型の檣楼にされたのも1920年代中頃（昭和の初め）に計画された3万5000トン級「金剛」型代艦にその兆しがうかがえる。

主砲3連装3基の搭載方法で前部2基、

13

後部1基という配置も各種検討の結果であったが、それが集中防御方式ではもっとも合理的な重量配分であることは、各国の同時代の戦艦（たとえばアメリカの「ノースカロライナ」級）がそうであることからもうなずける。

随所に新機軸の構造も採用（例として艦首のバルバスバウ、艦載艇の格納法）されたが、全体的には手堅い伝統的手法を多くとり入れた設計であった。もし3、4番艦が完成していたら「扶桑」型と「伊勢」型の関係のように使用実績をとりいれて改良が行なわれ（たとえば副砲塔防御力の脆弱さが強く指摘されたが3、4番艦では廃止を含めた対策が当然なされたと考えられる）、さらに有力な戦艦となったと思われる。

一般にあまり知られていないが、「大和」型の主砲一斉射数は9門ではなく各砲塔左右2門の計6門である。一砲塔同時3門発射を可能とするには、強度保持上から艦の大型化、排水量の増加を来して予定した制限を超えてしまうため、やむを得ず一斉射6門とされたのであろう。一斉射6門であっても「大和」「武蔵」両艦同時に無線で同一目標艦に発射できたから、この場合12門となる。その後時間をおかず中央の各1門、両艦合計で6門の斉射ができた。

また「大和」型は計画では水上観測機を6機搭載としたが、これは弾着観測以外に重巡「利根」型と同じく偵察機能をもたせるためと思われる。

両艦とも完成時にはすでに大戦に突入していたが、まず痛感されたのは対空兵装の貧弱さで、就役後間もなく機銃の増備と実用化されたばかりの電探が装備された。

前線に出撃したが会敵の機会はなく、前線航行中、両艦は期日は異なるが、潜水艦により被雷し帰還した。この時に修理を兼ねて対空兵装強化の改造を行なった。両舷の副砲を撤去、シェルター甲板の増設とともに12.7cm高角砲連装6基の装備、25mm機銃の増設などである。

「武蔵」は被雷時期の関係で「大和」より3ヶ月ほどのちに工事が実施された。今まで「武蔵」は増設シェルター甲板は造ったが予定の高角砲製造が間に合わず25mm3連装機銃を暫定的に設置したとされているが、これは前線艦隊指令部の作戦実施期日との関係で工事を予定より早く切り上げたとするのが正しい（宇垣纏著「戦藻録」昭和19年4月17日の記述より）。

「武蔵」は1944年（昭和19年）10月、レイテ沖海戦で米軍機の集中攻撃を受け沈没、「大和」は小破の状態で帰還、ただちにその被害箇所の修理、機銃の増設などを行なった。

年が明け呉で待機の日々が続いたが、周知のとおり4月の初めに沖縄特攻作戦でその生涯を閉じた。

両艦共その不沈性を予期した以上に発揮したが、設計主旨が艦型を極力軽量小型とする方針ゆえにバイタルパート以外の装甲はやや薄く、その脆弱性は否めなかった。

航空機の相次ぐ魚雷攻撃で主要部はあらかた無事であってもそれ以外の区画の浸水が甚だしく、結局は浮力を保ち得なかったと見るべきで、日本海軍が造った最後の戦艦が使命とされた砲撃戦でその真価を問われなかったのは、後世いつまでも話題とされるにはよかったのかも知れない。

「大和」新造時（1941年）

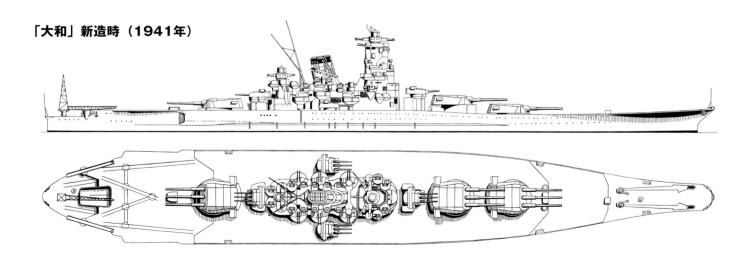

03. 開戦前の艦橋比較

次ページに掲載した【図1】は1941年（昭和16年）頃の戦艦の前部艦橋側面の比較で各型を改装完成年代順に並べてある。

高さは吃水線を基準としている。「武蔵」「長門」「伊勢」の外貌は各同型艦とほとんど同じなため省略、「扶桑」のみ改装完成時を示す。

「扶桑」「山城」「榛名」の改装時にはまだ射撃所と射撃指揮所が一体となった新型の方位盤射撃指揮装置（九四式という）が完成しておらず、「扶桑」は1941年（昭和16年）春、「榛名」は1943年（昭和18年）春、「山城」は1944年（昭和19年）夏にそれぞれ換装、同時に測距儀支持構造の上部も改造され【図2】のようになった。

「扶桑」は第3砲塔の繋止位置を艦首方向に変更したため艦橋基部に余裕がなくなり、加えて三脚マストの開脚度も少ないため強度、安定度ともに欠け、それゆえ旧構造で完成した3艦のうちもっとも早く上部を改造、九四式方位盤に換装し安定化、軽量化を図った。艦の有用度からすれば「榛名」が先となるはずである。他の2艦が開戦までに換装されなかったのは、九四式はきわめて精度の高い光学機器ゆえ生産が間に合わなかったからと思われる。

「榛名」「霧島」「金剛」の図にある断面がコの字型補強材（チャンネル材）は"第一次改装"時に前檣構造の背面を形成する柱材とされたもので"第二次改装"時にこの後ろに測距儀支持構造が設置されたと考えればよい。チャンネル材の装備方法が3艦で微妙に異なっているのは支持構造の形状がそうであるのと同じである。「扶桑」はチャンネル材は測距儀支持構造の後面に、「山城」は前面と後面にそれぞれ装着され強度を高める構造にした。

改装時から年月を経るに従って支持構造の開放部を閉塞区画とし兵員待機所、電探室などを設け、さらに対空見張所として各所に張り出しを造った。

「榛名」を例にとれば、改装時と着底した最終状態とではかなり印象が異なっているのが分かる。「扶桑」型、「金剛」型の改造結果と「長門」型の実績から測距儀支持構造は枠抜きアングル材よりも支柱を増す方が耐震性の面で効果が高いと判断され「伊勢」型、「比叡」では後方に一本の支柱（図面には支筒と記入されている）を立てる構造に改良された。

「比叡」は「大和」型と同じく測的所は射撃所と一体となって射撃塔とされ、「伊勢」型とはかなり異なっている。支柱支持方式の前檣楼は特に後方から見たときに、はるかに近代的な印象を与える。

「長門」型の艦橋構造は計画では三脚マスト方式であったが、建造中に頂部に方位盤を載せる設計に改正され、その結果、中央に主柱を立てその周りを同心円状に6本の支柱で補強するという日本独自の形状となった。この構造は多少改良

◀1934年10月、横須賀海軍工廠での改装工事中の戦艦「山城」。4年以上に渡る長期の近代化改装もほぼ終了しており、後部艦橋の張り出しにはすでに12.7cm連装高角砲なども搭載済みである。新造時の艦橋はシンプルな三脚構造だったが射撃指揮所や探照燈管制装置、見張所などを追加し重量が増加したため、背面に補強用のガーダーを追加している。
（写真提供／大和ミュージアム）

【図1】艦橋比較（1941年）（扶桑のみ1936年）

榛名
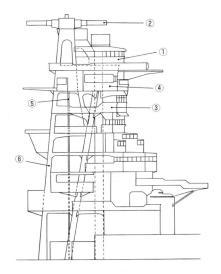

扶桑
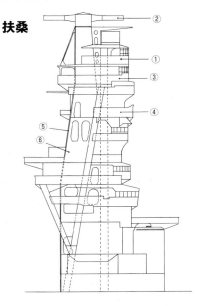

山城
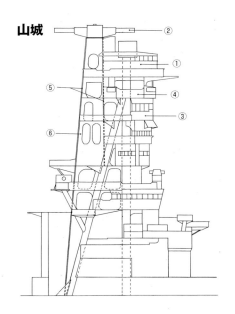

霧島
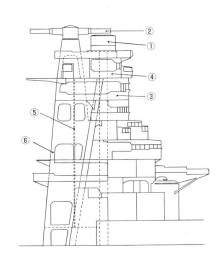

日向
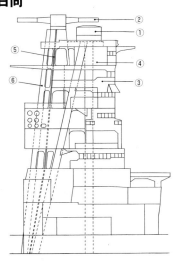

陸奥
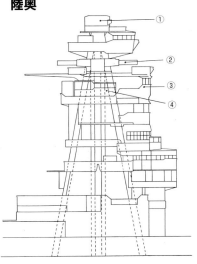

金剛
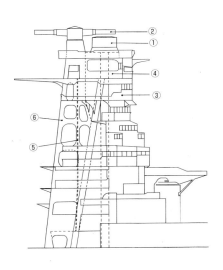

比叡
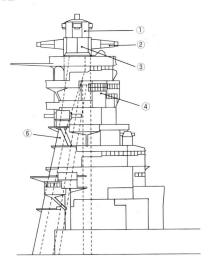

大和

①主砲指揮所　②測距儀　③測的所　④副砲指揮所　⑤チャンネル材　⑥測距儀支持構造

開戦前の艦橋比較

【図2】主砲方位盤換装後の艦橋比較

榛名
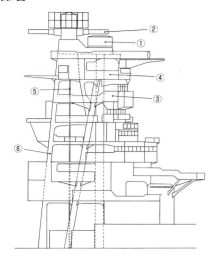

扶桑
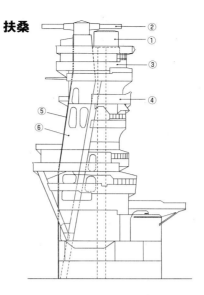

山城
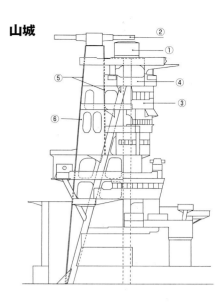

①主砲指揮所　②測距儀　③測的所　④副砲指揮所　⑤チャンネル材　⑥測距儀支持構造

され「加賀」型、「天城」型と続く予定であったが、軍縮条約により実現に至らなかった。

「長門」型の各艦橋配置がそれ以前の艦と比較して大きく異なっている点は、主砲前部予備指揮所が下部見張所の上にあることである。ほかの戦艦群の予備指揮所は司令塔内の後部にあり、「長門」型の予備指揮所の位置はほかの艦では戦闘艦橋となっている。

「長門」型の戦闘艦橋は新造時の主砲指揮所に置かれ、その主砲指揮所は新式の九四式方位盤に換装された際に一段上の射撃所と一体となった。

「大和」型は新しく制定された艦橋規準に基づいて箱型の構造となった。

これは重巡洋艦と同じ様式であり、中央の内筒が射撃塔を支える方式は耐震性の点で柱構造の戦艦群と比べはるかに優れる反面、主砲発砲時の耐圧構造ゆえに極力張り出しなどは制限された。外壁は曲面仕上が多く、すっきりとした外貌は近代的威容を備えた。

しかし、箱型の構造では各艦橋甲板の床面を拡げて区画を増す改造はほとんど不可能で、「大和」型の参戦が決まったときに旗艦施設が不充分で用兵側から改良を求められた際、設計側が相応の苦労をした割には大して良くならなかったという報告がある。

「加賀」型、「天城」型および机上の計画で終った3万5000トン級の「金剛」型代艦が完成し、さらに近代化改装が実施されていれば日本戦艦のデザインの変遷がよく分かり、興味深いが、残念ながらそれは実現せず「長門」型と「大和」型の間にブランクができてしまった。

マニアにとっては、想像でこれらの艦の最終状態の外貌を描いてみるのも楽しみの一つである。

▲1942年8月に呉で撮影された戦艦「長門」。10m測距儀が置かれた測距所甲板前部に追加された防空指揮所の張り出しのステー構造もこの角度から見るとよくわかる。

（写真提供／大和ミュージアム）

04. 戦艦「金剛」前部艦橋外貌の変化

兵器である軍艦は常に最新の性能を備えるため絶えず近代化工事を実施した。

大正時代（1910～20年にかけて）に完成した日本の戦艦群は軍縮条約の制限の下、新造艦に代替されることもなく数度の近代化工事を経て太平洋戦争を戦った。

ここでは軍艦全体のなかで外貌上もっとも変化が著しい前部艦橋（前檣楼）をとりあげ、12隻の戦艦群で最初に完成した「金剛」を例に代表的な外貌を年代順に図示した（ここでは艦橋部の工事を改造と表記する）。

前檣改造の目的は敵艦より少しでも早く命中弾もしくは有効至近弾を得ることにある。それには、その時々の最新光学兵器の装備が目的達成の最短手段となり、外貌の変化はすなわち光学兵器装備の変遷にほかならない。

「金剛」型のほかの3戦艦はもとより、途中から加わる「扶桑」型、「伊勢」型、「長門」型も改造内容は「金剛」とほぼ同じ要領で実施された。

【図1】はヴィッカース社作成の「金剛」の舷外側面図標題で、主要なデータも表記されている。

【図2】は完成時1913年（大正2年）の状態を示す側面図である。新造後しばらくして砲火指揮所（のちの上部艦橋）天蓋を後方のマスト支柱まで拡張し、露天の羅針艦橋甲板とした。「金剛」以外の3艦は実績をとりいれ新造時からそのように施工された。

1916年（大正5年）に、マスト檣頂の射撃観測所床面を拡張、新開発の主砲用方位盤照準装置を設置、当時の主砲の最

【図1】「金剛」の図面タイトル

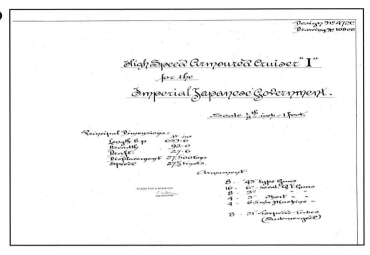

1914年10月、神戸川崎造船所で建造中の「榛名」。「榛名」と「霧島」は民間造船所で建造されたはじめての戦艦だった。新造時の「金剛」型の前檣は写真で見られるようにシンプルな三脚構造で頂部に射撃観測所を設けていたものの測距儀などは低い位置に設置している。この時代は後年に見られるような遠距離での砲戦は考慮されていなかった。
（写真提供／大和ミュージアム）

戦艦「金剛」前部艦橋外貌の変化

大射程である2万2000mまでの有効射撃が可能となり、ここは主砲指揮所と呼ばれた。

1918年（大正7年）、マスト中央部に下部探照燈台が設置され、艦橋下部や第一煙突両側にあった探照燈をここに集中配備、前方に基線長2.5mの測距儀を置いた。

この年までに「扶桑」型、「伊勢」型の4艦がそろい、当然のことながら4艦はほぼこの外貌を備えて完成した。2年後この探照燈台は拡張され両舷に魚雷指揮所と60kW信号燈が設置された。この探照燈台はのちの羅針艦橋天蓋の一部となる。

ほかの3艦の探照燈台は「金剛」より少し上方に設置されたため、のちに撤去廃止となっている。羅針艦橋には遮風装置（ブルワーク）も装着された。その後、下部探照燈台後方両舷に測的所を仮設、上部艦橋甲板後方両舷に副砲指揮所が設けられた。ほかの3艦は第一煙突が「金剛」より少し後方に位置するため、マスト支柱の中程上方に測的所、下方に副砲指揮所を設置した。

これまでの工事実施状態を示すのが【図3】であり、この頃（1921年）までに「長門」「陸奥」の2艦が前述の工事内容を完備して出揃った。

1923年（大正12年）制定の砲戦指揮装置制式草案に基づいて、その翌年、前檣トップ主砲射撃所真下の上部探照燈台（新造時の探照燈プラットホーム）床面を拡張してそこに副砲指揮所、照射指揮所、高所測距所の3部所が設けられ、さらにその下段に新しく床を設けて測的所とした（のちにこれらの床面は副砲指揮所および主副測的所甲板となる）。

従来のものは予備指揮所とされるか、あるいは廃止とされた。下部探照燈台の6基の探照燈は指導燈2基を残し第一煙突後方に新しく造られた台座に移設された。

1926年（大正15年）測的所の下に檣楼司令所（のちの戦闘艦橋）が造られ次第に檣楼化が進んだ。この状態が【図4】である。

1929年（昭和4年）の暮れからいわゆる"第一次改装"が始まり、下記のような改造が前檣楼に加えられた。

主柱トップを約1900mm延長し、その上

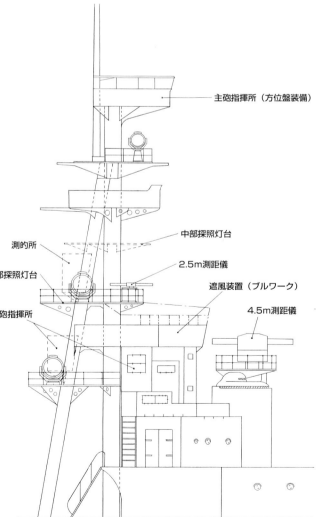

【図2】1913年（完成時）

【図3】1920年代前半

破線は「金剛」以外の艦を示す

19

◀1928年5月の「榛名」。本稿で紹介した図版では図5に相当する時期で新造時と比較すると櫓楼化がかなり進んでいるのがわかる。艦橋周囲に設置されていた探照燈は整理され第一煙突前にあらたに設けられた台座に移設されている。
（写真提供／大和ミュージアム）

▶1934年8月の「榛名」。第二改装直後の姿で頂部には10m測距儀が設置され背面に設けられた測距儀支持構造（アングル材）の形状も見て取れる。「金剛」型の中では「榛名」の改装実施がもっとも早く、本艦の実績を見て他の艦の改装計画は修正されている。
（写真提供／大和ミュージアム）

に方位盤照準装置を設置して主砲射撃所とし、従来のところは今までとおり主砲指揮所と呼ばれた。

その真下、副砲指揮所床面の前方を拡張して上部見張所が、下部探照燈台の艦首側に下部見張所がそれぞれ置かれ、新開発の見張方向盤が設置された。

下部艦橋後方両舷の副砲予備指揮所は筒型を廃止し前後に長い床面を新設、既設の方向指示装置を方向盤に換装、前部副砲予備指揮所とされた。

各部所に装備されている光学兵器も順次新型のものに換装されたことはいうまでもない。

櫓楼背面には3本のチャンネル材を立てて補強し併せて各区画を新設、より複雑な外貌を呈することとなった。この状態が【図5】である。

戦艦運用の更新と缶関係の著しい発達から「金剛」型は再度改装が施されることになった。光学兵器も信頼性、安定性

【図4】1920年代後半

【図5】1931年（第一次改装直後）

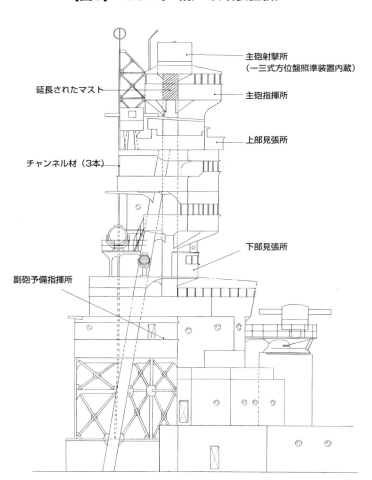

戦艦「金剛」前部艦橋外貌の変化

の高い基線長10m測距儀の実用化の目処が立ち、主砲の仰角をさらに上げれば3万mを超える有効射撃が可能となった。

缶関係の換装と艦尾延長を含む"第二次改装"工事は1935年（昭和10年）から始まった。

同時に前檣楼に加えられた最も大きな改造工事は主柱トップを新造時の高さまで下げ（1900mm低める）、従来の射撃指揮所構造物を撤去、新式の九四式方位盤射撃指揮装置を覆塔とともに装備、その後方に九四式10m二重測距儀を支持構造を介して設置したことである。

これら改造の目的は、前述の通り少しでも早く、敵艦より有利な射撃位置を確保することにある。

さらに戦闘艦橋、羅針艦橋は床面の拡張とともに天蓋が加えられ、指導燈は煙突付近に移設、新採用の25mm連装機銃が装備された。

光学各兵器類も改良型、新型のものに

◀同じく1934年8月の「榛名」。本艦は他の「金剛」型と異って旧型の一三式方位盤を載せているため、やや腰高に見える。「榛名」は太平洋戦争中に防空指揮所を前部へ拡大し特徴的な姿となった。
（写真提供／大和ミュージアム）

順次交換、各区画も補強改修が加えられた。工事は1937年（昭和12年）1月にほぼ完成、外貌は"第一次改装"時と比較してはるかに洗練され精悍になった。

1939年（昭和14年）に檣楼頂部を小改造、防空指揮所を設置した状態が【図6】である。

前方の遮風装置は1941年に戦艦「比叡」「日向」などの実績により追加装着された。

太平洋戦争に突入してからは電測兵器の装備、防空指揮所の前部拡張、兵員待機所の増設、25mm連装機銃の3連装への換装および単装機銃設置などが実施され、僚艦とともに活躍したが、1944年（昭和19年）11月、台湾沖で米潜水艦の雷撃を受け、艦齢31年の生涯を閉じた。

【図6】 1941年（第二次改装後）

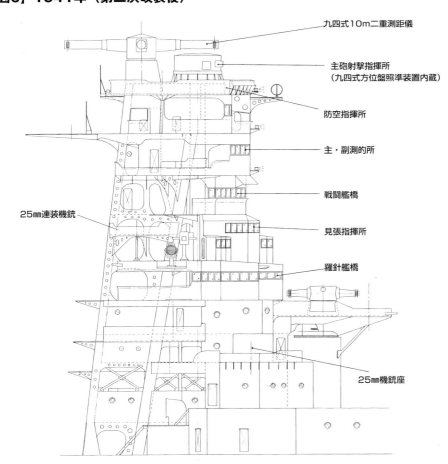

- 九四式10m二重測距儀
- 主砲射撃指揮所（九四式方位盤照準装置内蔵）
- 防空指揮所
- 主・副測的所
- 戦闘艦橋
- 見張指揮所
- 羅針艦橋
- 25mm連装機銃
- 25mm機銃座

05. 戦艦「榛名」図面

051 前部艦橋

「榛名」の公式図面類については1/96図はほぼ揃って残されているが、最上甲板及び上甲板の2図が欠落している。幸いにもこれらは佐世保工廠が作図した1/192図に残されており、両縮図ともに1943年（昭和18年）暮れから1944年（昭和19年）にかけて行なわれた修理後の状態を示すものである。しかし1/192図は公式図と呼ぶには程遠く、ラフスケッチとでも表現するしかない内容である。それでも最上甲板上の各区画の名称及び増設された5、6番高角砲弾薬供給所の形状が読み取れ、これで最上甲板のレイアウトは同型艦（主に「霧島」）を参考にすればほぼ正確な図が再現できる。

1941年（昭和16年）当時の前部艦橋作図に際し、檣頂上の主砲射撃指揮装置は一三式であるが故にこの部分の正確な図が必要となるが、これも1937年（昭和12年）9月作図の「榛名・山城前檣頂上測距儀換装図」が残されており、これによりほぼ正確な形状を描き込める。

「榛名」の公式図は1943年（昭和18年）暮れから1944年（昭和19年）にかけてあらたに作図されたもので「金剛」の如く改装完成時（1937年1月）のものを修正加筆を繰り返したそれではない。戦局不利となる中、熟練とはいえない技手が時間に追われて作図した感が強く、したがって随所に誤り、描き漏らしが見受けられる。そのもっとも典型となる箇所はアングル材で作られた測距儀支持構造が下部艦橋甲板で軽く「折レ角」を採り「くの字」になっていることである。これは写真を見れば誤りは瞭然であるが、作図者は途中で間違いに気付くも修正には時

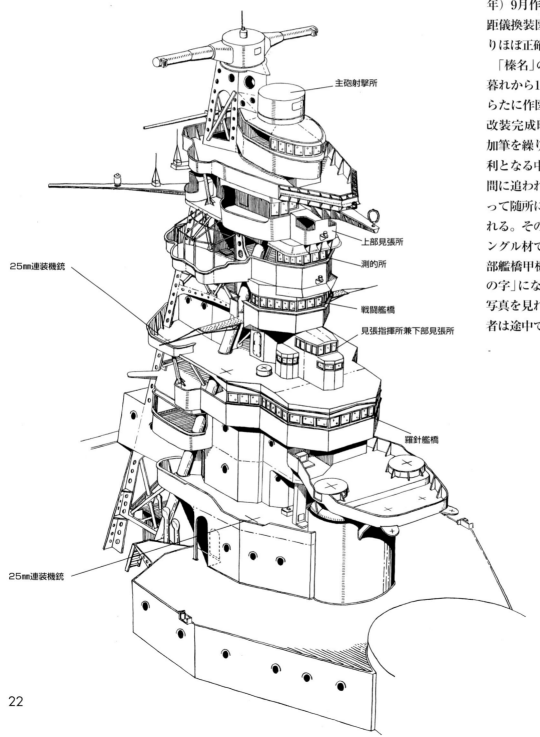

戦艦「榛名」図面

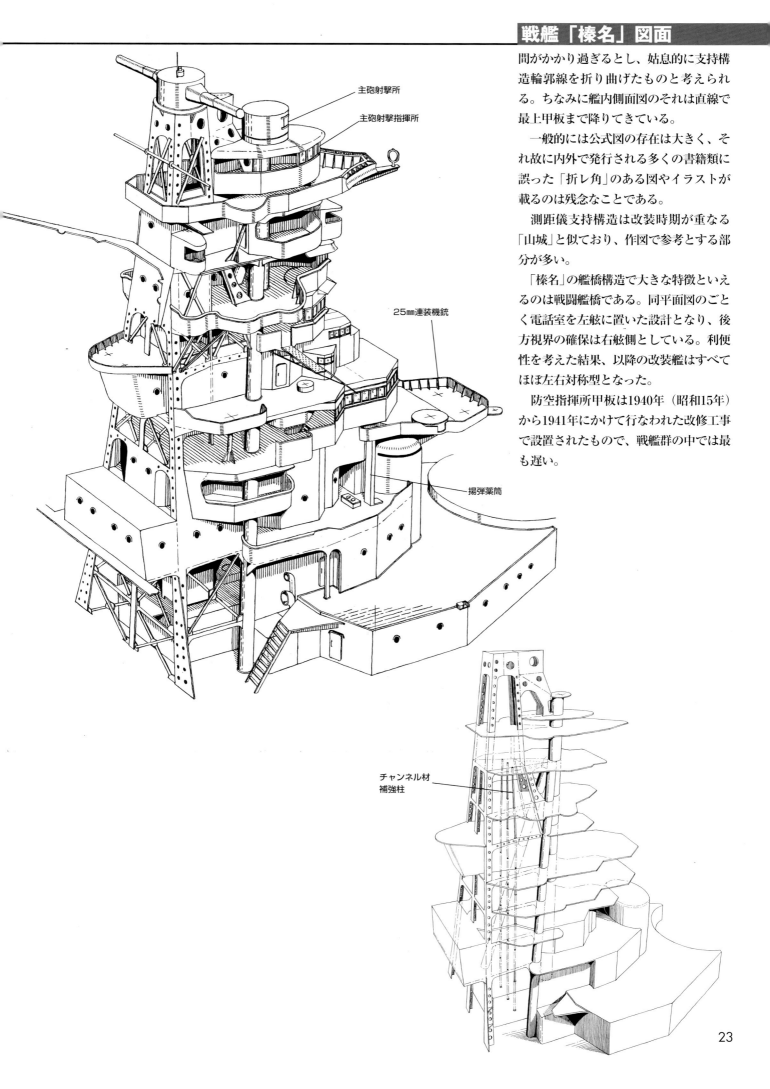

間がかかり過ぎるとし、姑息的に支持構造輪郭線を折り曲げたものと考えられる。ちなみに艦内側面図のそれは直線で最上甲板まで降りてきている。

一般的には公式図の存在は大きく、それ故に内外で発行される多くの書籍類に誤った「折レ角」のある図やイラストが載るのは残念なことである。

測距儀支持構造は改装時期が重なる「山城」と似ており、作図で参考とする部分が多い。

「榛名」の艦橋構造で大きな特徴といえるのは戦闘艦橋である。同平面図のごとく電話室を左舷に置いた設計となり、後方視界の確保は右舷側としている。利便性を考えた結果、以降の改装艦はすべてほぼ左右対称型となった。

防空指揮所甲板は1940年（昭和15年）から1941年にかけて行なわれた改修工事で設置されたもので、戦艦群の中では最も遅い。

艦橋正面（1941年）

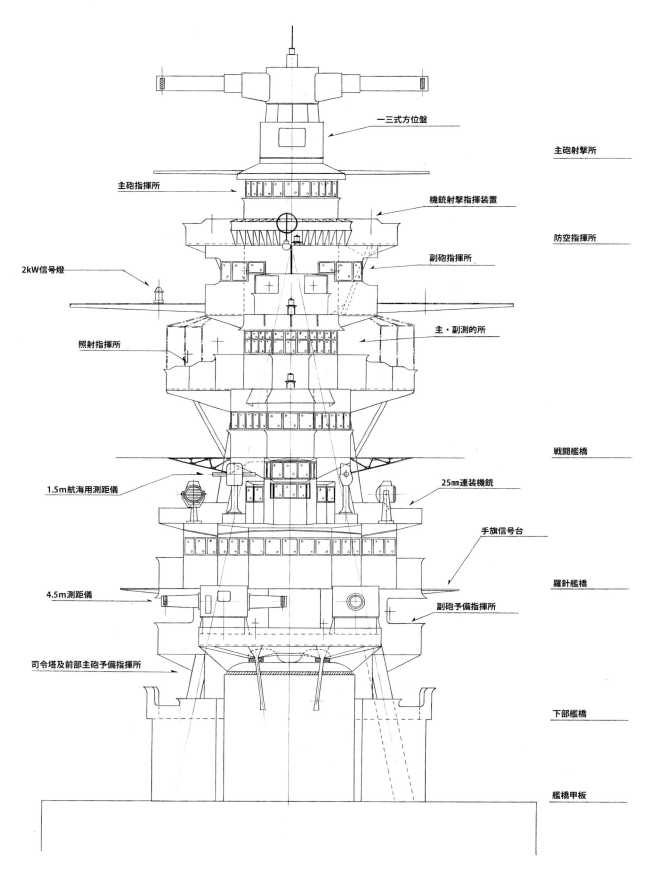

24

戦艦「榛名」図面

艦橋後面（1941年）

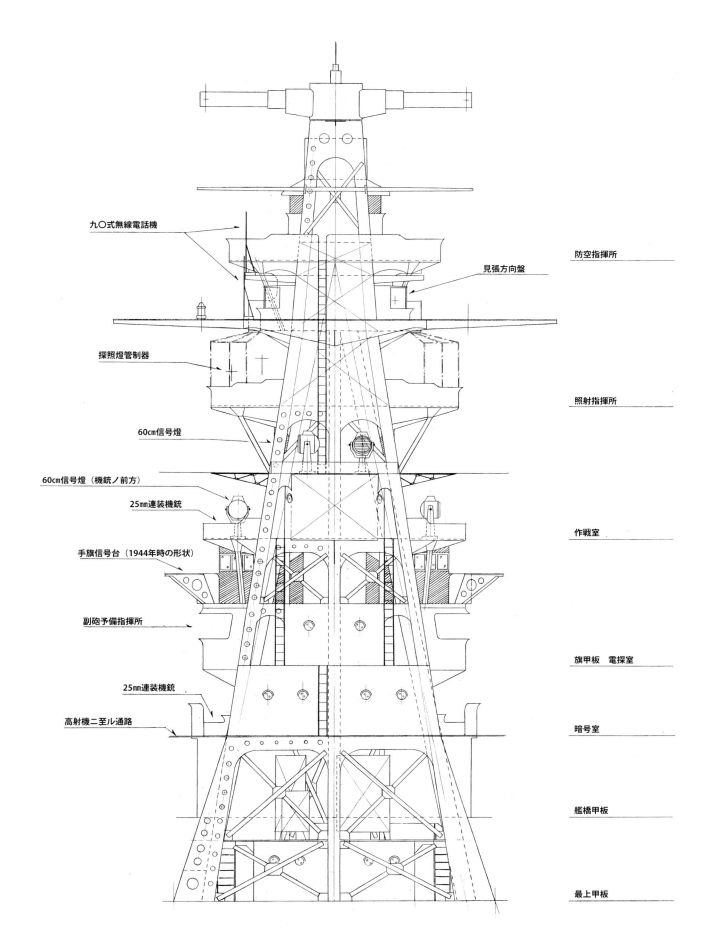

艦橋側面（1941年）

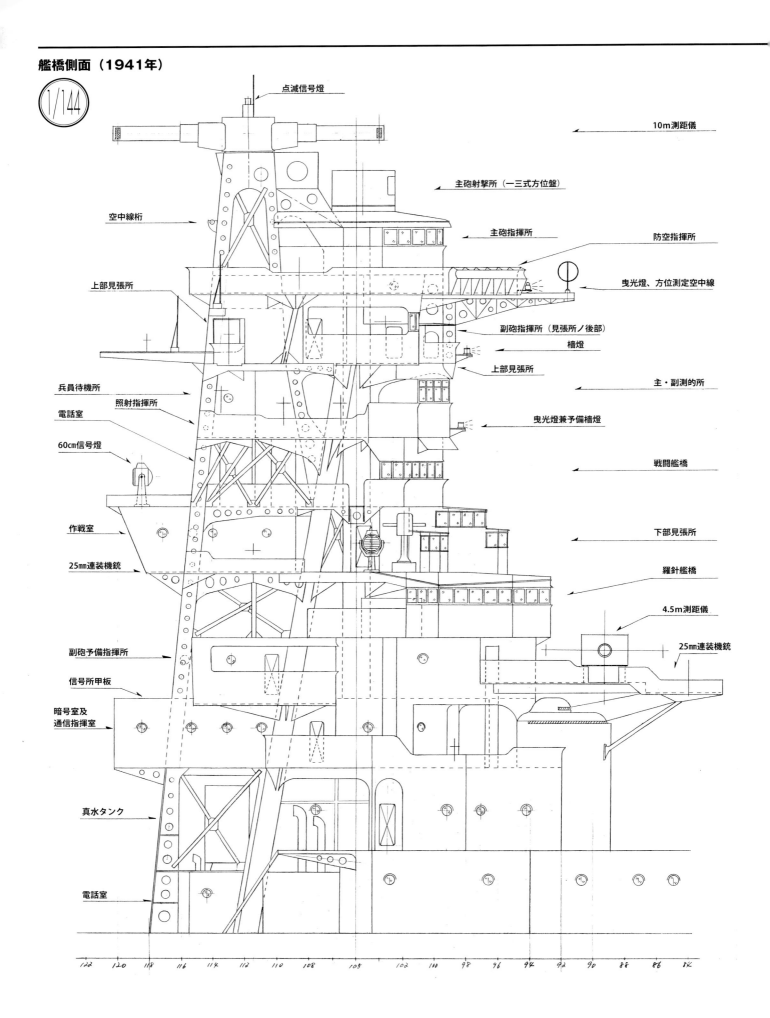

戦艦「榛名」図面

艦橋寸法図 側面（1941年）

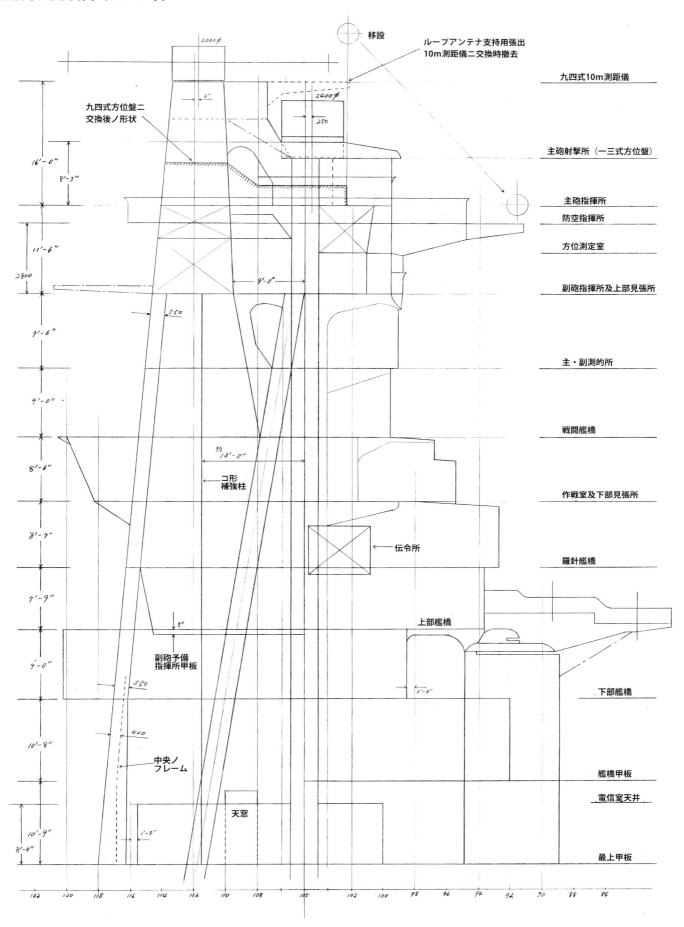

27

前檣寸法図（1941年）

1/144

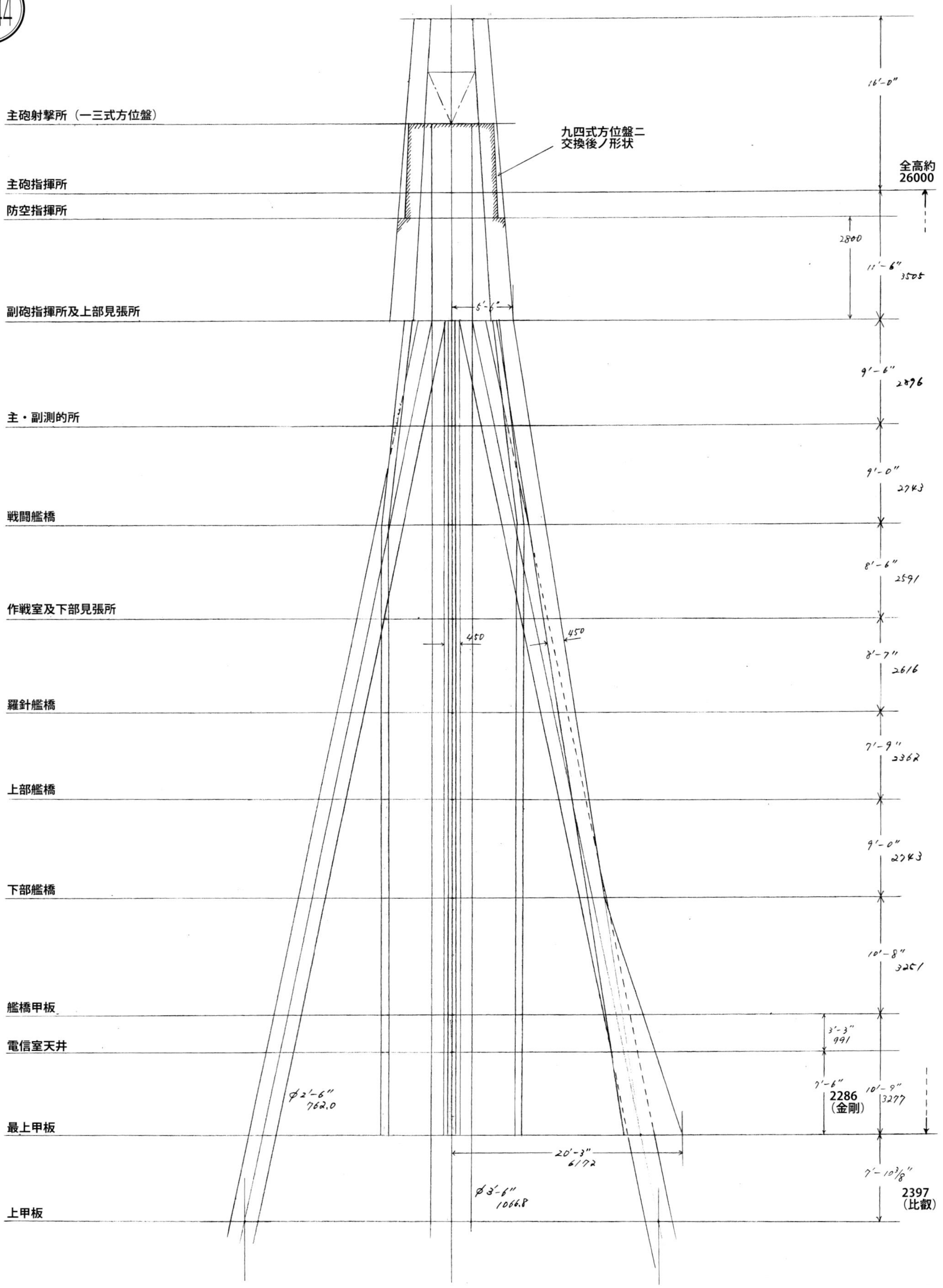

主砲射撃所（一三式方位盤）

九四式方位盤ニ
交換後ノ形状

主砲指揮所

防空指揮所

副砲指揮所及上部見張所

主・副測的所

戦闘艦橋

作戦室及下部見張所

羅針艦橋

上部艦橋

下部艦橋

艦橋甲板

電信室天井

最上甲板

上甲板

16'-0"

全高約
26000

2800

11'-6"
3505

6'-6"

9'-6"
2876

9'-0"
2743

8'-6"
2591

450   450

8'-7"
2616

7'-9"
2362

9'-0"
2743

10'-8"
3251

3'-3"
991

φ2'-6"
762.0

7'-6"
2286
（金剛）

10'-9"
3277

20'-3"
6172

7'-10³⁄₈"
2397
（比叡）

φ3'-6"
1066.8

28

戦艦「榛名」図面

測距所

主砲指揮所

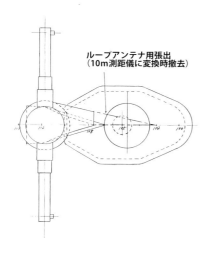

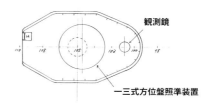

防空指揮所

副砲指揮所兼上部見張所

主・副測的所

戦闘艦橋

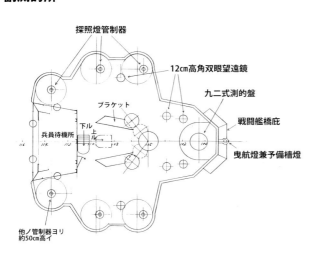

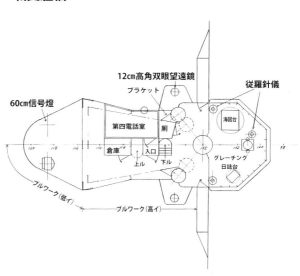

作戦室及下部見張所 / 羅針艦橋

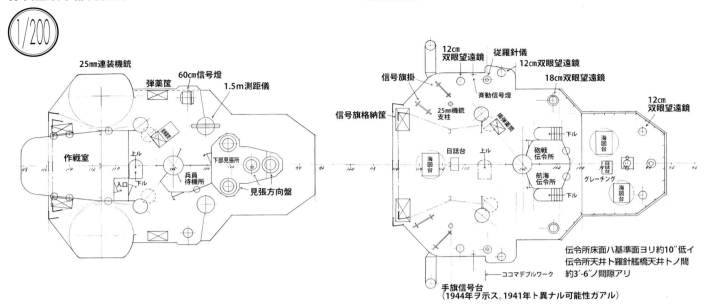

上部艦橋

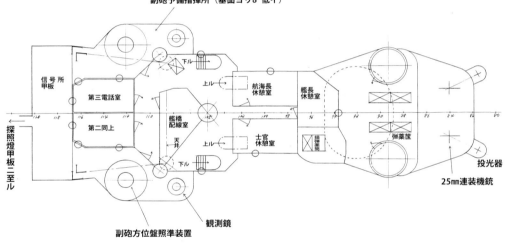

下部艦橋

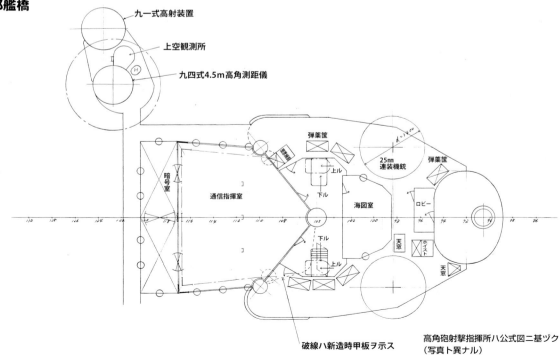

戦艦「榛名」図面

艦橋甲板

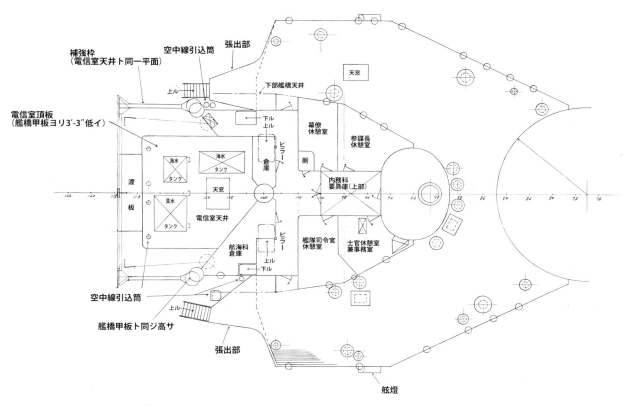

最上甲板

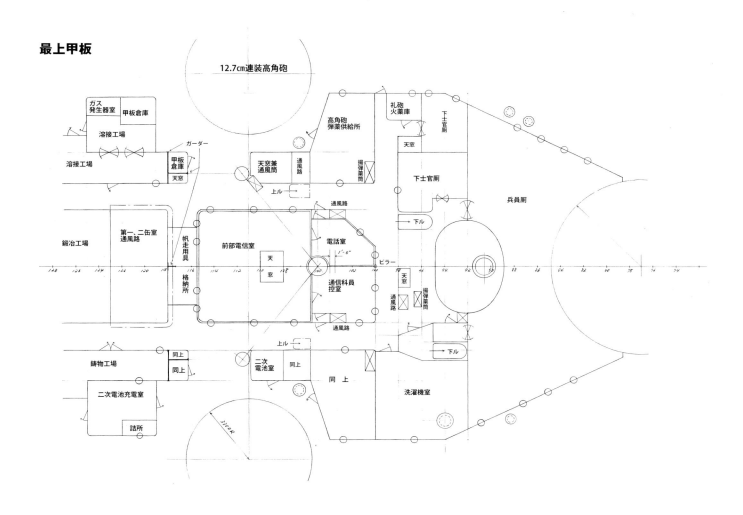

052 中央部煙突周り

「榛名」は第一次、第二次改装とも試験的な意味を含め最初に工事が実施された故、完成時他艦とはかなり異なる部位がある。最初第1煙突周りの探照燈甲板上に6基の探照燈が備えられていたが、1937年暮れからの装備改修工事で他の2艦(「金剛」「霧島」)と同じく段差のついた形状装備となった。

残されている公式図の探照燈甲板平面図は既述のごとく1944年初頭の状態であり、1941年時はこれと少し異なる形状と思われる。その理由は1、2番と3、4番探照燈間の距離が「金剛」「霧島」と比較してやや長いことによる。両艦ともほぼ同じで1、2番間が約4mに対し「榛名」は6m、「金剛」「霧島」の3、4番間は同様に2.4mで「榛名」は3.9mとなっている。これは対空機銃の増設に伴う要員増加に対応するための待機所を作る必要が生じたからで、探照燈間を拡げそのスペースを確保したものと思われる（これはあくまで著者の推定であり、平面図もその様に描いてある）。第1煙突の側面図は前部艦橋と同じく描き方がラフで正確性に欠ける面がある。

「榛名」は第2煙突直下前方に12.7cm高角砲が最初に搭載され、その際弾薬供給所は砲座の前方に設置となったが、これも使用実績から後の改装3艦はすべて砲座後方設置となり、外貌もかなり異なるものとなった。

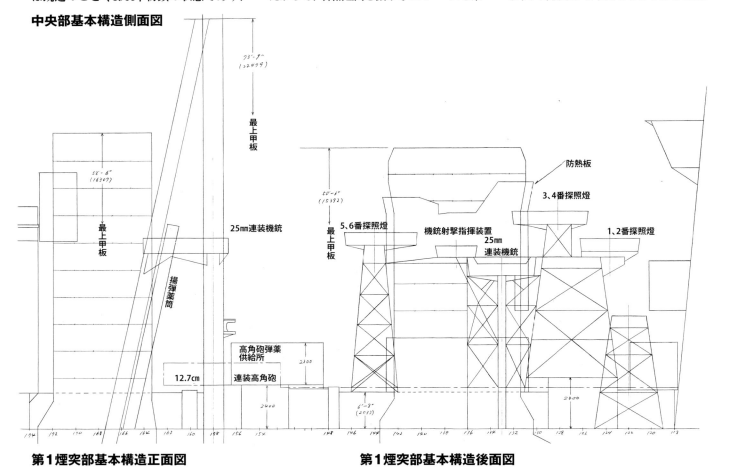

中央部基本構造側面図

第1煙突部基本構造正面図　　**第1煙突部基本構造後面図**

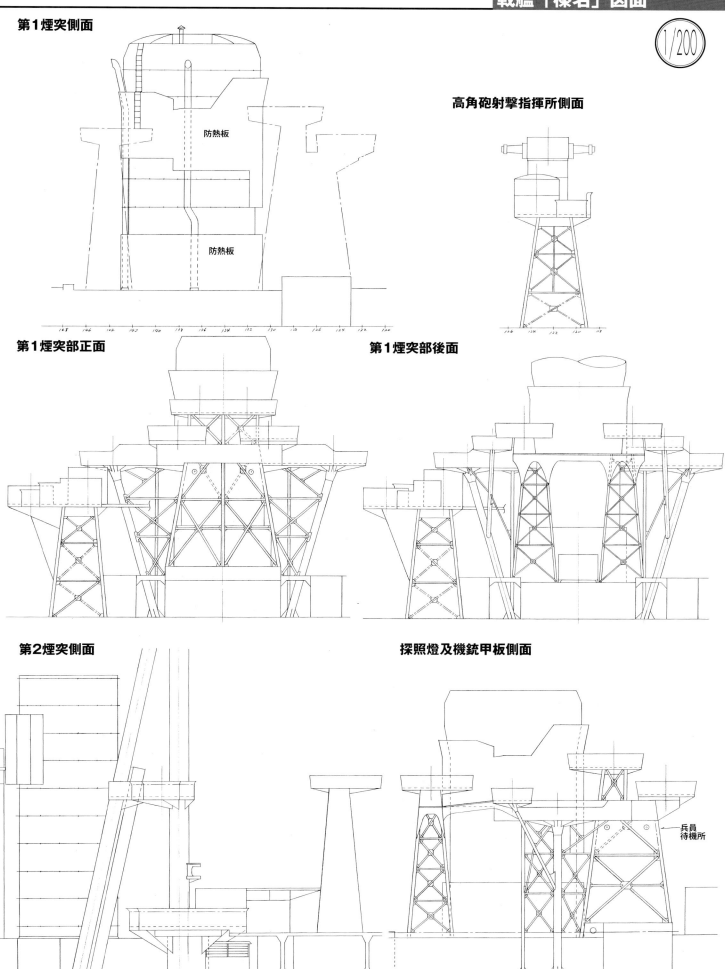

第1煙突部周辺（1941年頃ヲ示ス）

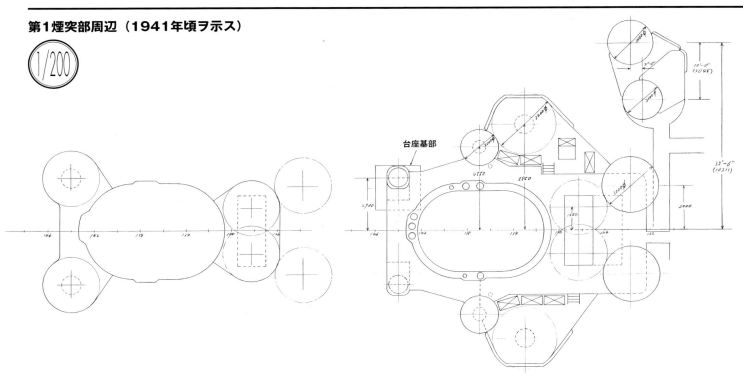

第1煙突部周辺（1944年頃ヲ示ス）

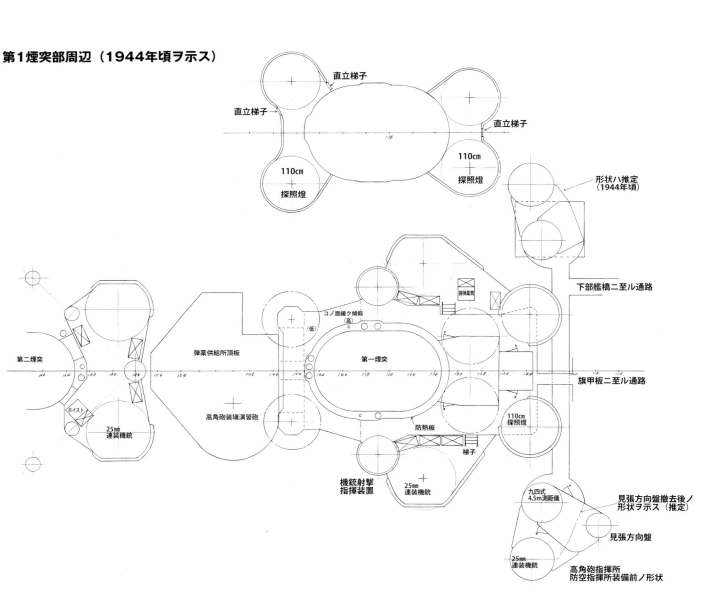

ケーシング天井平面

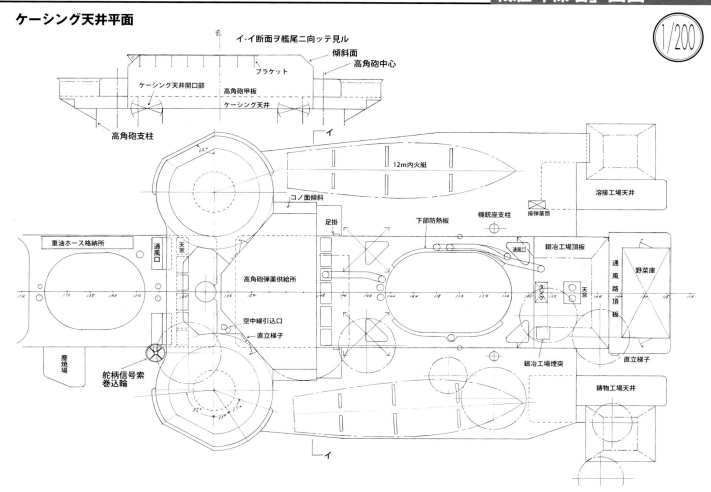

最上甲板平面

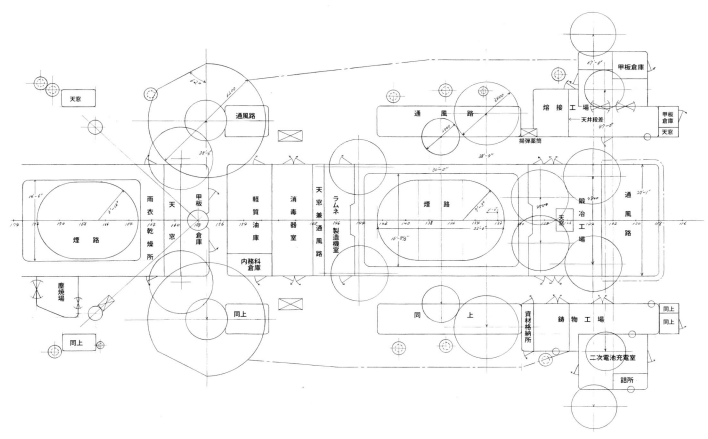

053 後部艦橋

　後部艦橋は1935年（昭和10年）6月作図の後部艦橋改正図があり、かなり正確に形状が再現できる。残存公式図と比較すると天蓋上の換装された対空兵器類のため、その外見の変化は著しい。

　他の3艦と異なり旧司令塔は甲鈑を撤去した状態で残され、そのまま後部艦橋の一部としており、この点で後部艦橋は新造ではなく改正となる。

　開戦までに副砲用測距儀を3.5mから4.5mへ換装の指示が出され、多くの文献もこれを踏襲しているが、図を見てもわかるとおり4.5mに換装すると副砲指揮塔につかえて測距儀は回転不能となる。あるいは測距塔用の張り出しを改造延長して換装したとも考えられるが、戦時中の対空兵装装備前の写真を見る限り延長の形跡は認められず、換装はなかったと思われる。

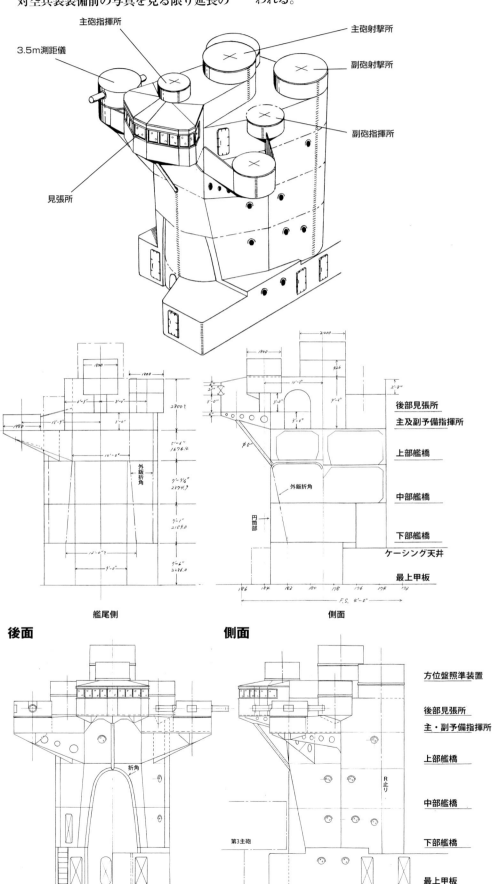

後部艦橋基本構造図

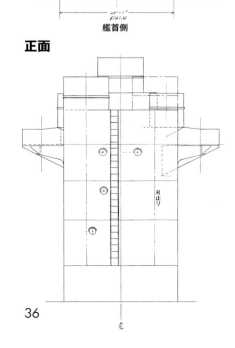

戦艦「榛名」図面

見張所天蓋

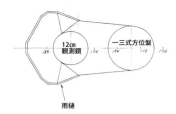

下部艦橋

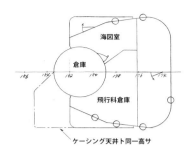

見張所天井

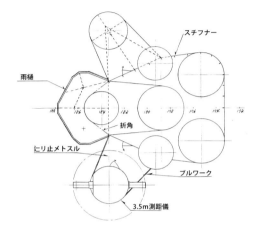

最上甲板

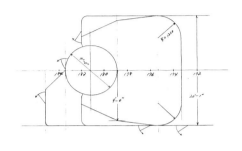

主・副予備指揮所

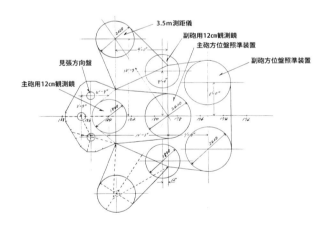

後部艦橋側面図（第二次改装完成時）

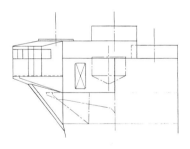

中部艦橋

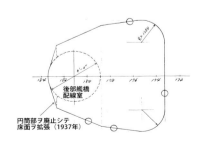

06. 戦艦「霧島」図面

061 前部艦橋

「霧島」の公式図面類（1/96）は他艦と比較すると、それ程多くはない。主なものは全体像を示す「主砲及び高角砲による爆風圧力計取付位置」が、また艦橋詳細図として「前部艦橋装置図」があり、いずれも公刊誌等に発表されている。

「霧島」の改装は「榛名」の工事完成直後に着手されたが、その期間中（約1年7ヶ月）に「榛名」の使用実績が反映され、工事内容に織り込まれている筈である。

「榛名」では間に合わなかった新式の主砲用九四式方位盤照準装置が搭載されて艦橋全高が低くなり均整がとれ、10m大型測距儀を支える支持構造外貌も「榛名」とは微妙に異なっている。

防空指揮所平面形も方位盤形式が変わったため、前方が広くなり前面外壁も曲面仕上げとなった。戦闘艦橋は「榛名」と異なり電話室を後部中央に置き左右対称で後方視界を確保している。25mm機銃も当初より搭載され、設置形態にも不

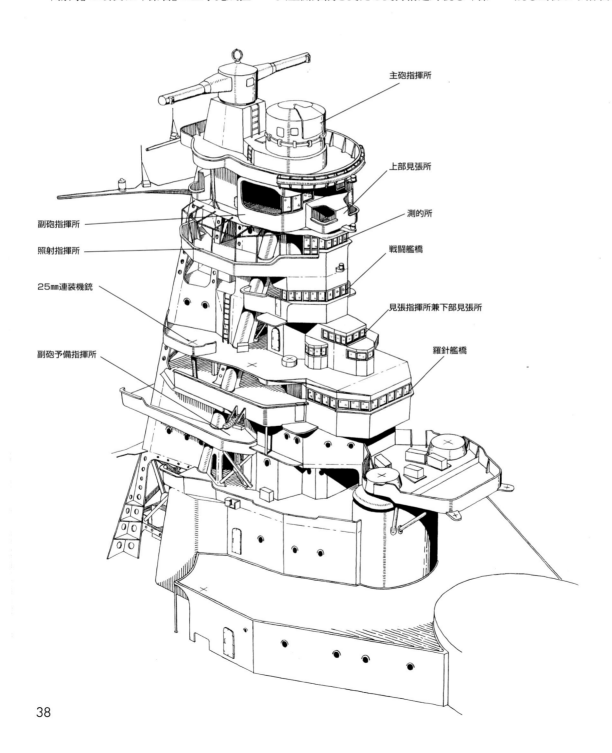

戦艦「霧島」図面

自然さがない。

「霧島」は「榛名」と全く同一の図面で民間造船所で造られた戦艦である。それ故、新造時細部を除いて外観に差はなく、改修内容も似た経過を辿ったが、第一次改装後に差が現れ、それが第二次改装完成後にも引き継がれた感が強い。

「霧島」の前部艦橋は後面の測距儀支持構造も含めて、高速戦艦としてもっとも均整のとれた外貌を呈していると思われる。

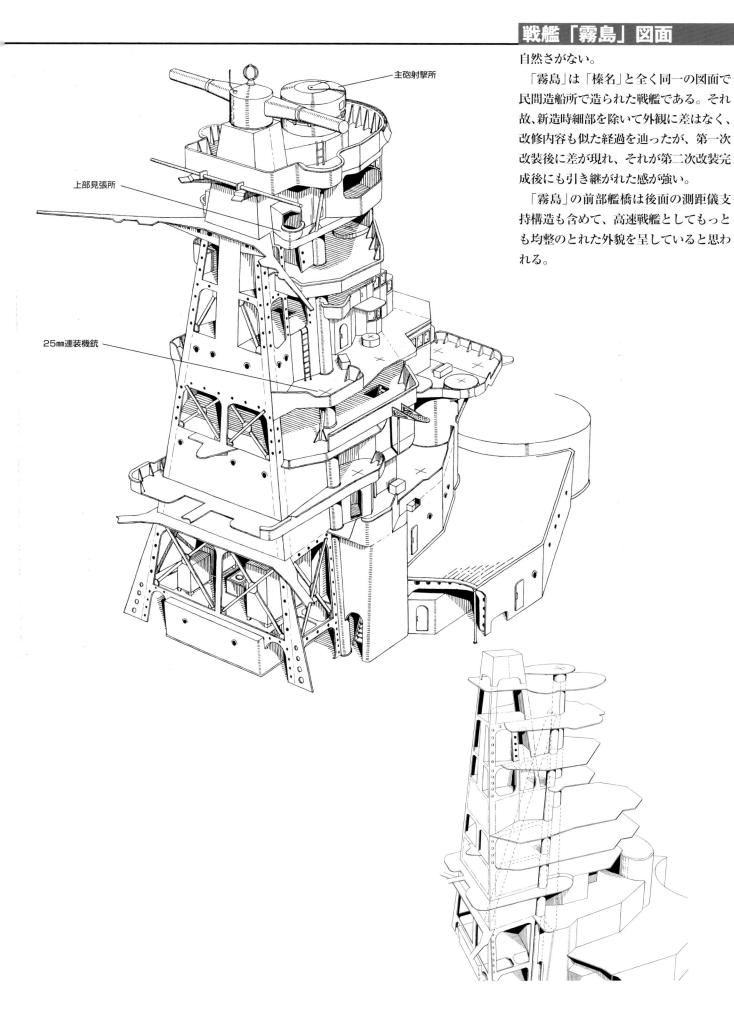

艦橋正面（1941年）

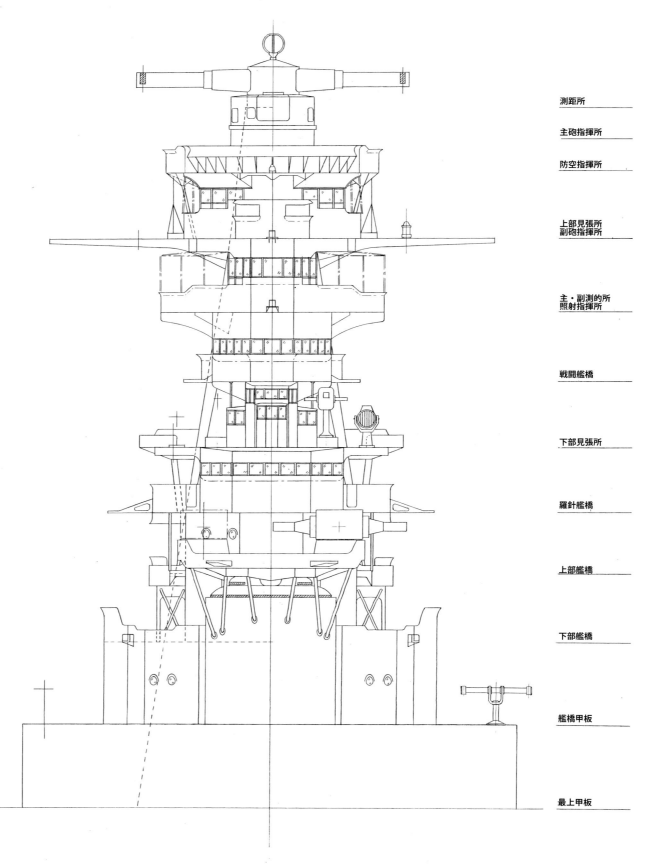

測距所
主砲指揮所
防空指揮所
上部見張所
副砲指揮所
主・副測的所
照射指揮所
戦闘艦橋
下部見張所
羅針艦橋
上部艦橋
下部艦橋
艦橋甲板
最上甲板

艦橋後面（1941年）

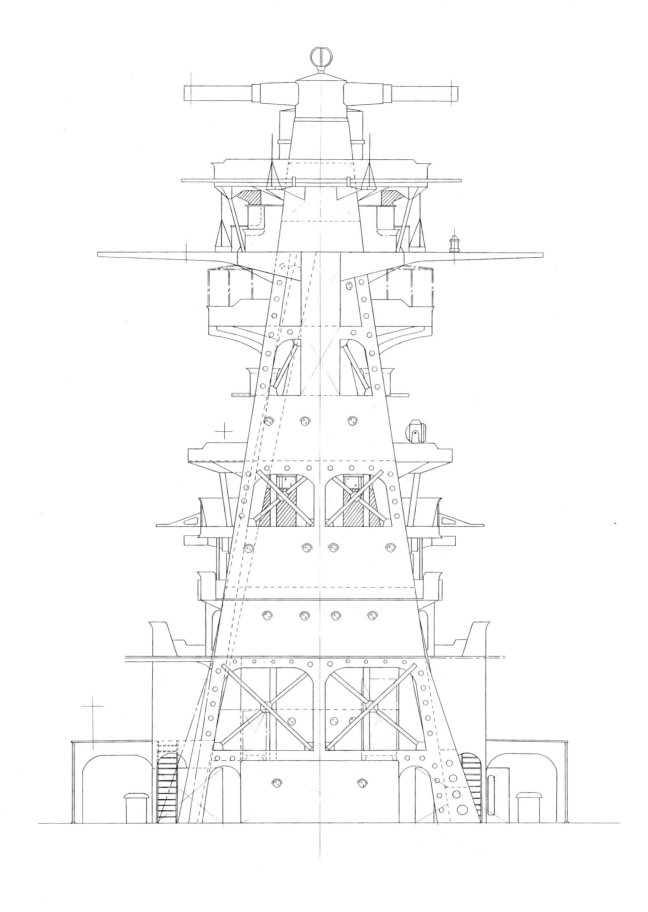

戦艦「霧島」図面

艦橋側面（1941年）

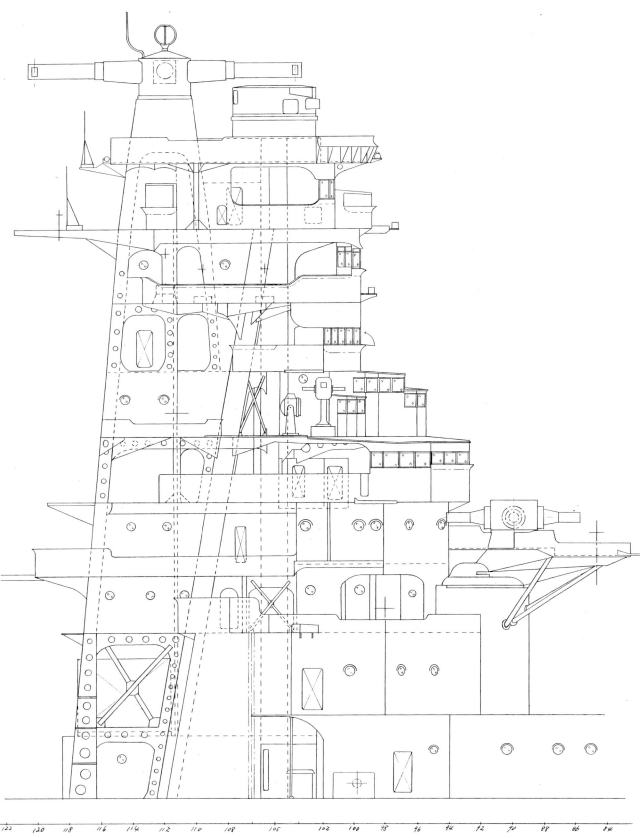

戦艦「霧島」図面

艦橋寸法図 側面（1941年）

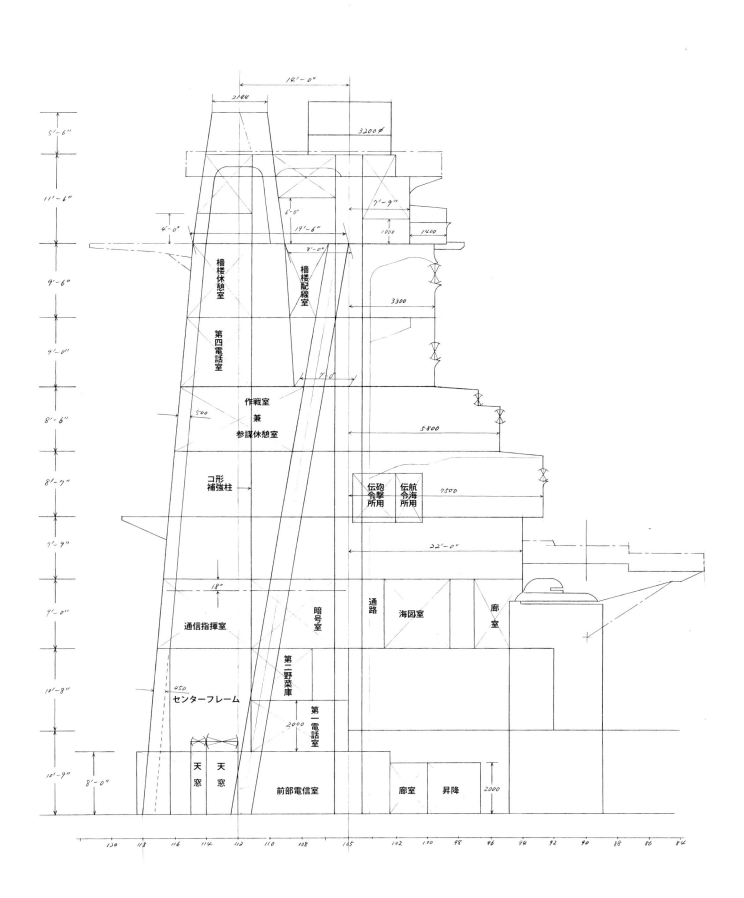

前檣寸法図（1941年）

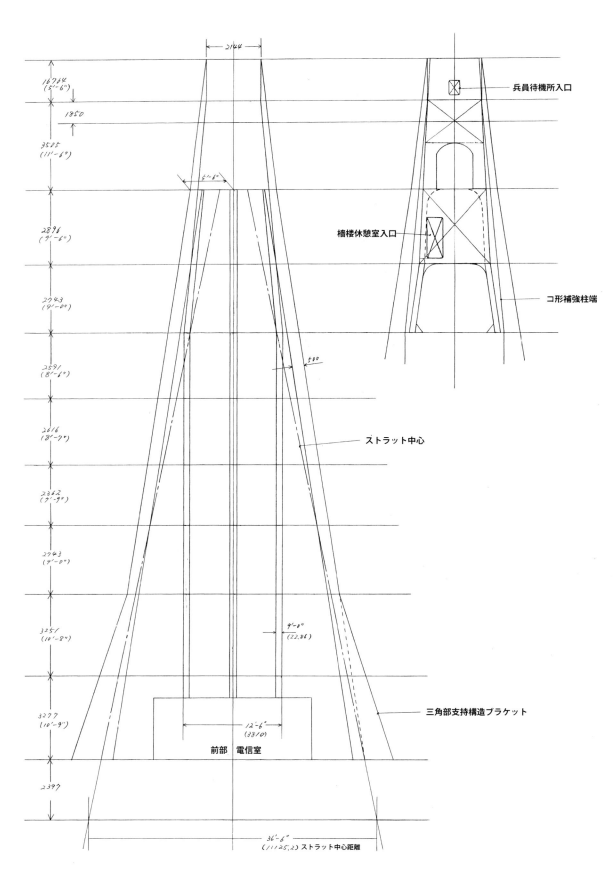

戦艦「霧島」図面

測的所及主砲指揮所

防空指揮所

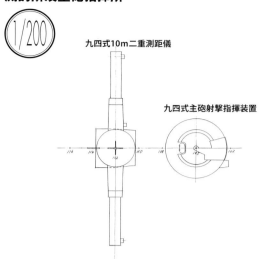
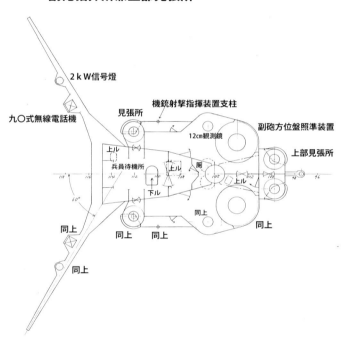

副砲指揮所天蓋部

副砲指揮所兼上部見張所

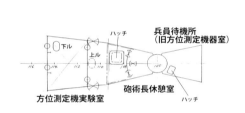

主・副測的所及照射指揮所

戦闘艦橋

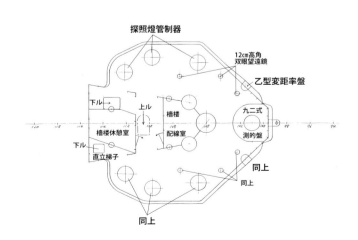
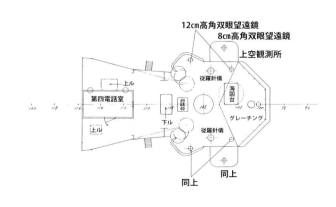

45

下部見張所

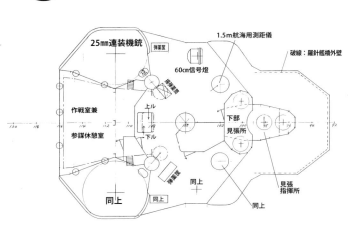

羅針艦橋平面

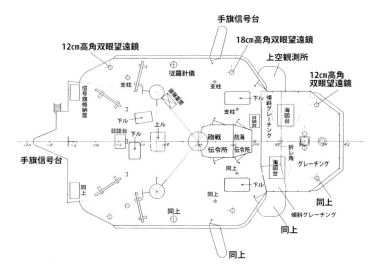

上部艦橋甲板

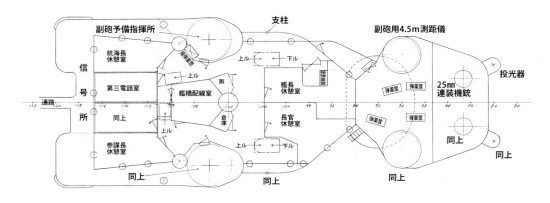

下部艦橋甲板

前部二次電池格納所、第二野菜庫平面

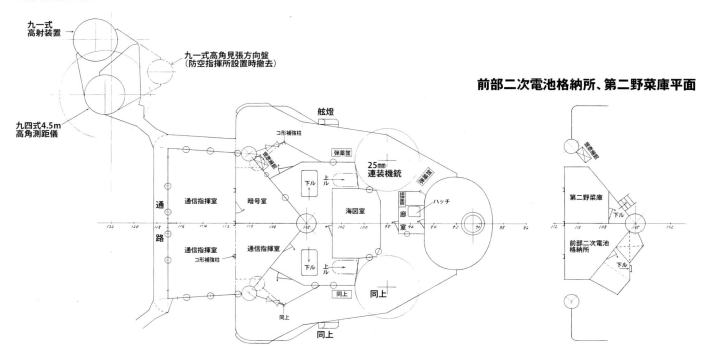

戦艦「霧島」図面

艦橋甲板

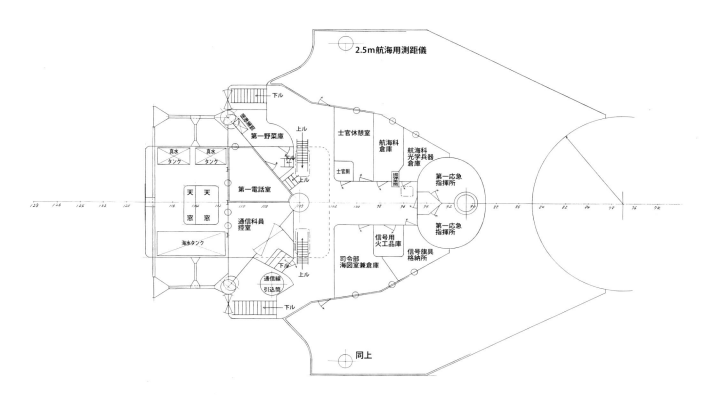

最上甲板

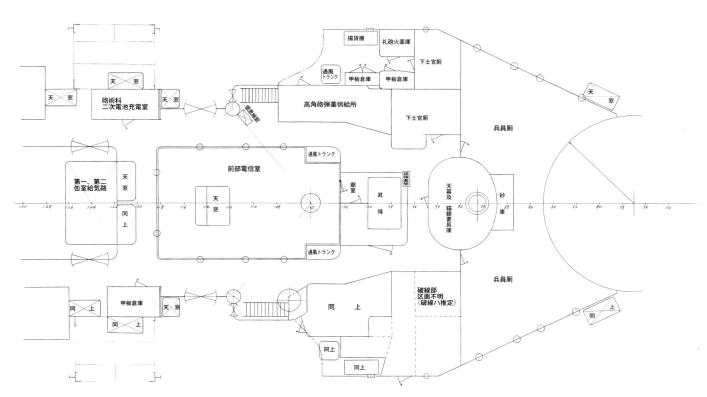

062 中央部煙突周り

　この部位を示す公式資料は前述の「主砲及び高角砲による爆風圧力計取付位置」のみが知られている。この図はその性質上かなりラフな表現であるが、作図はこれを参考に推定を加えて行なった。

　探照燈6基のうち、4基は煙突前方に2基ずつ段差を付け、残り2基は後方に設置している。1〜4番台座脚柱の側面傾斜角は前後で異なり、それは後柱で大きい。これは第一次改装時に装備されたものを一部改造してそのまま使用していることによる（第一次改装時に造られた台座構造は前半部を少し高くし、そこに2基設置する設計としたから強度の釣り合いをとるため非対称となった）。1937年頃、この台座部を他艦と同様に兵員待機所として使用するため、四方を外板で覆ったが写真で見る限り筋交いの上面に壁材を張った様に思われる。5〜6番探照燈台座は38年から39年にかけて少し嵩上げされており、今まで発表された多くの図は5、6番台座の脚柱が上方で「く」の字に折れた形で描かれているが、直線が正しい。

　第一煙突の高さは「榛名」のそれと同一で第一次改装時のものがそのまま使用されている。探照燈、機銃射撃指揮装置が周りに装備と同時に従来の防熱板は拡大された。第二煙突も第一次改装に設置されたものの下部を足し、全高を高めて使用された。今まで両煙突の高さは同じとされていたが写真を仔細に見ると第一がやや高く、その差を8インチ（200mm）と推定。これは日本海軍特有の外貌美にこだわった設計とみられる。

　高角砲座は「榛名」より少し前方に設置しているが、これは第一煙突が缶室との関係でやや後方となり、それに伴い弾薬供給所を砲座の後部に置いたためで、これは「榛名」以外全て同じである。

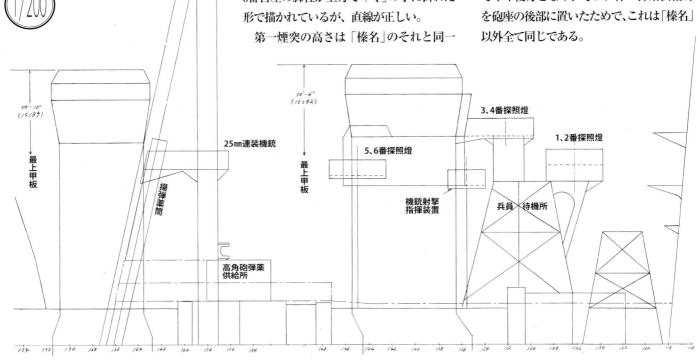

中央部基本構造側面図 1/200

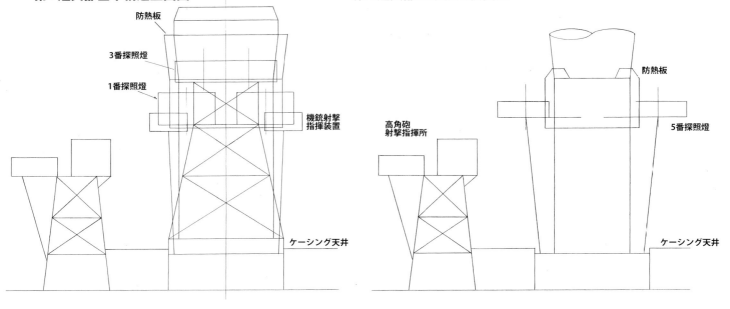

第1煙突部基本構造正面図　　**第1煙突部基本構造後面図**

戦艦「霧島」図面 1/200

中央部側面

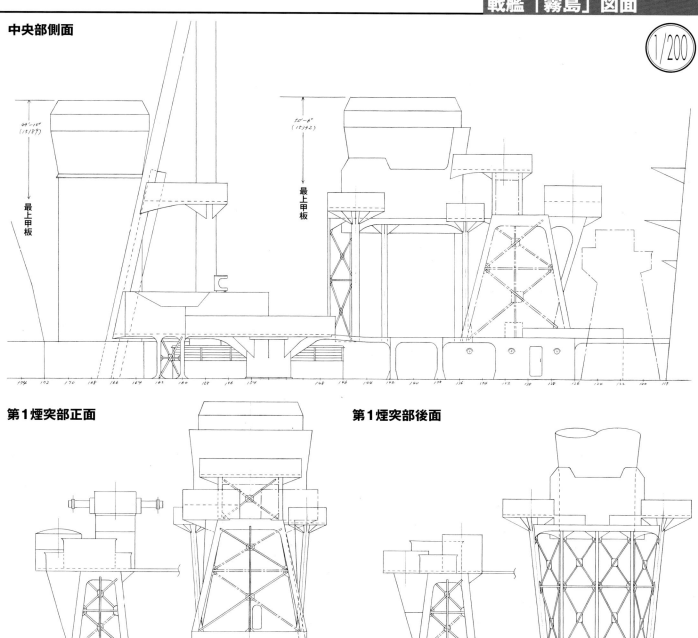

第1煙突部正面

第1煙突部後面

第1、第2煙突側面及後面
(パイプの一部は省略)

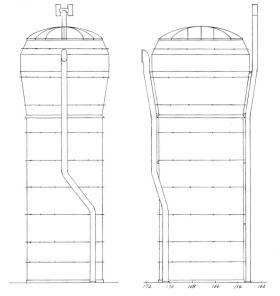
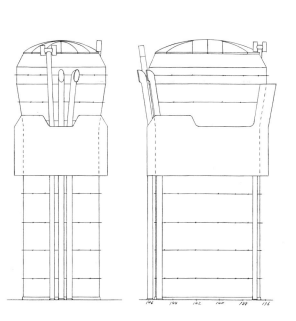

高角砲射撃指揮所基本構造側面図

高角砲射撃指揮所側面

煙突周り平面

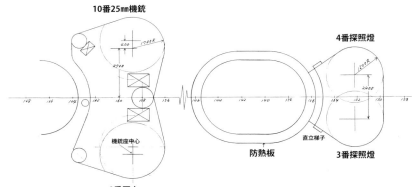
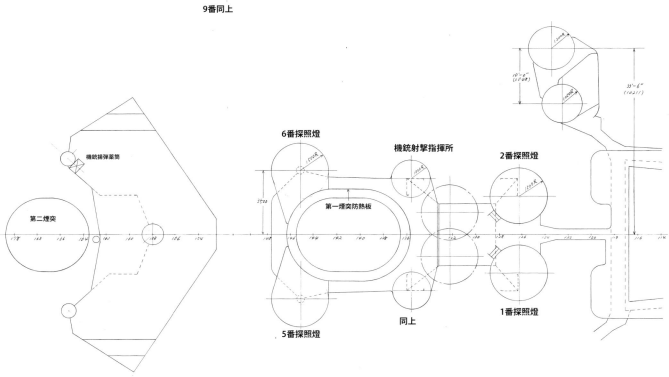

50

ケーシング天井平面

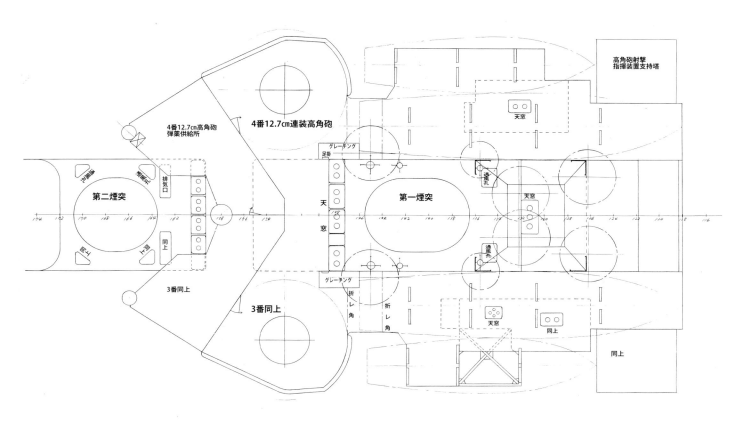

最上甲板平面

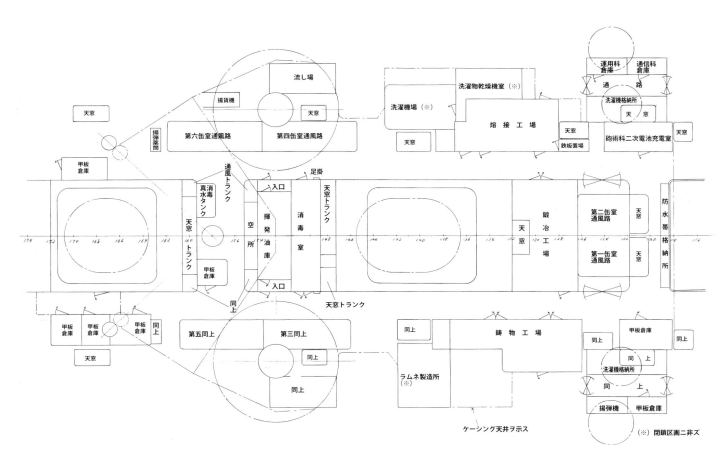

063 後部艦橋

　後部艦橋の公式資料も前述のもののみであり、それから推定を加えて作図した。艦内側面図の存在する「金剛」と比較すると微妙に異なっている。これは艦政本部訓令書に基づいて各工廠が独自に設計するからと思われる。

　「榛名」の仕様実績から第二煙突からの排煙熱を回避するため艦橋前面壁は傾斜状とされ、したがって旧円形の司令塔は撤去、全て新製の構造となった。また副砲用予備指揮装置も測距儀と一体となったものが装備されたことと相俟って外貌は「榛名」と異なり、より洗練された。

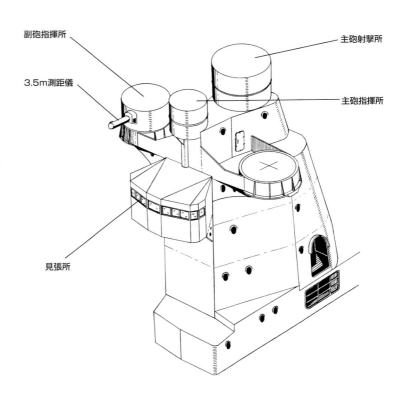

後部艦橋基本構造図

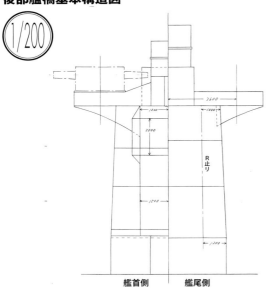
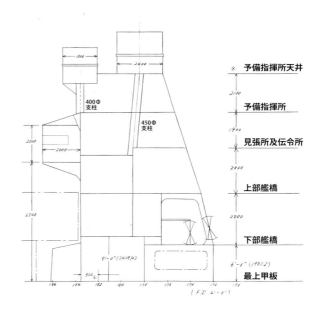

戦艦「霧島」図面

| 後面 | 正面 | 側面 |

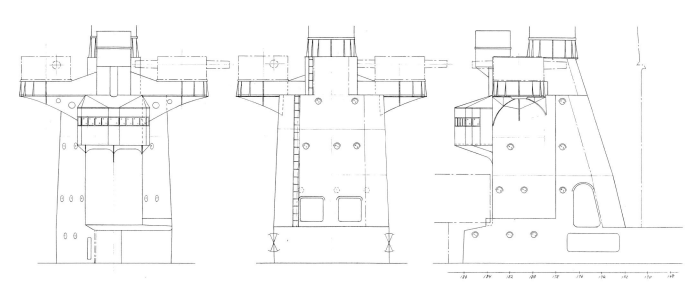

予備指揮所天井
※後部艦橋の各部屋の名称は公式資料がないため不明

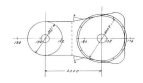

見張所及伝令所

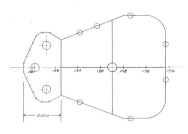

予備指揮所

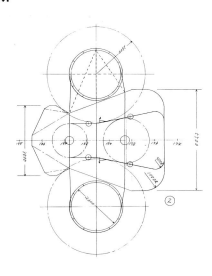

上部艦橋

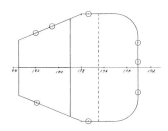

下部艦橋

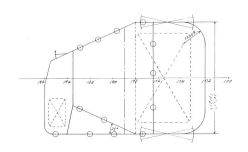

07. 戦艦「金剛」図面

071 前部艦橋

「金剛」の上部構造物を示す図面類（1/96）は比較的多くあり、幸いにして正確な形状を作図するのに必要な艦内側面図が残されている。

この元図は改装完成後暫らくして調製（作図を指す。調整とも書く）されたと思われる。「榛名」図と異なり熟練技手により描かれた筈で、遥かに信頼性は高い。これが数度にわたり加筆訂正され、現存するものは1944年3月の状態を表している。

仔細にみると他の公式図がそうである様に不注意による誤りが認められる。一番大きなそれは後部三脚柱のマストとストラット（支柱）の接合位置が少し低く作図されている点で、正しくは前部艦橋の副砲指揮所及び上部見張所甲板と同じである。もう一点挙げれば、防空指揮所後半部が主砲指揮所甲板と同一面で描かれているが、これは前方の防空指揮所甲板と同じでなくてはならない。

「金剛」の第二次改装は「霧島」に遅れること7ヶ月強、完成は丁度7ヶ月後であった。

「霧島」と同じく「榛名」の使用実績が取り入れられている筈であるが、工廠毎の特徴及び乗組員の要望も加味されたため、それなりに外貌に差が生じている。

「金剛」は建造が外国であり、また一番艦でもあるが故に艦橋の基本構造に他艦と微妙な差が生じている。最上甲板から羅針艦橋甲板までの高さは他の3艦より30インチ（760㎜）程低いが、マストとストラットとの接合位置は4艦共同じ故（因みに戦闘艦橋の高さは「比叡」を除いて同じ）、他の甲板間で調整をとっている。防空指揮所の平面形は「霧島」図を参考として作図した。

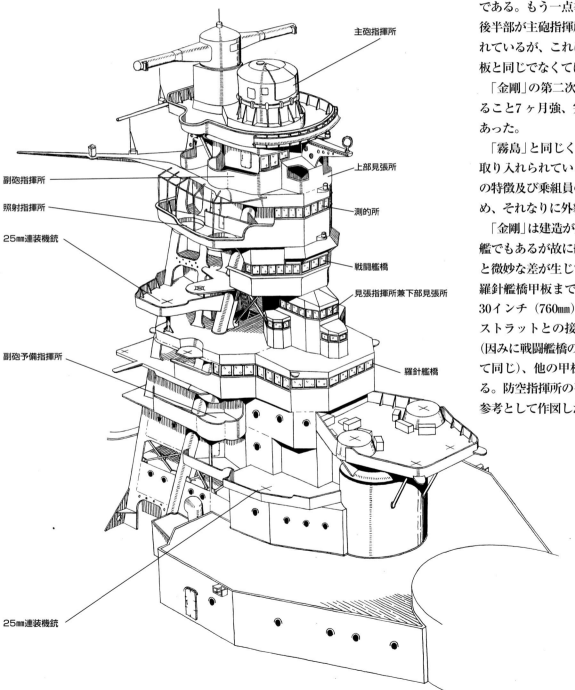

戦艦「金剛」図面

戦闘艦橋電話室は「霧島」と同位置で両舷の視界を確保している。「比叡」を除く他の2艦と「金剛」が大きく異なる点は、主及副測的所甲板の探照燈管制器6基のうち前方左右4基が同甲板より200mm低く設置されていることである。写真を見てもこの部位のブルワークは低くなっているのが判る。これは管制器の背後にある副砲観測所の視界を確保するための措置と思われる。

他は大体「霧島」に準じているが、やはり工廠の特徴が出ており測距儀支持構造はほぼ直線で構成された外貌を呈し、また乗組員の要望故かこの支持構造の軽目孔はその殆どが塞がれている。

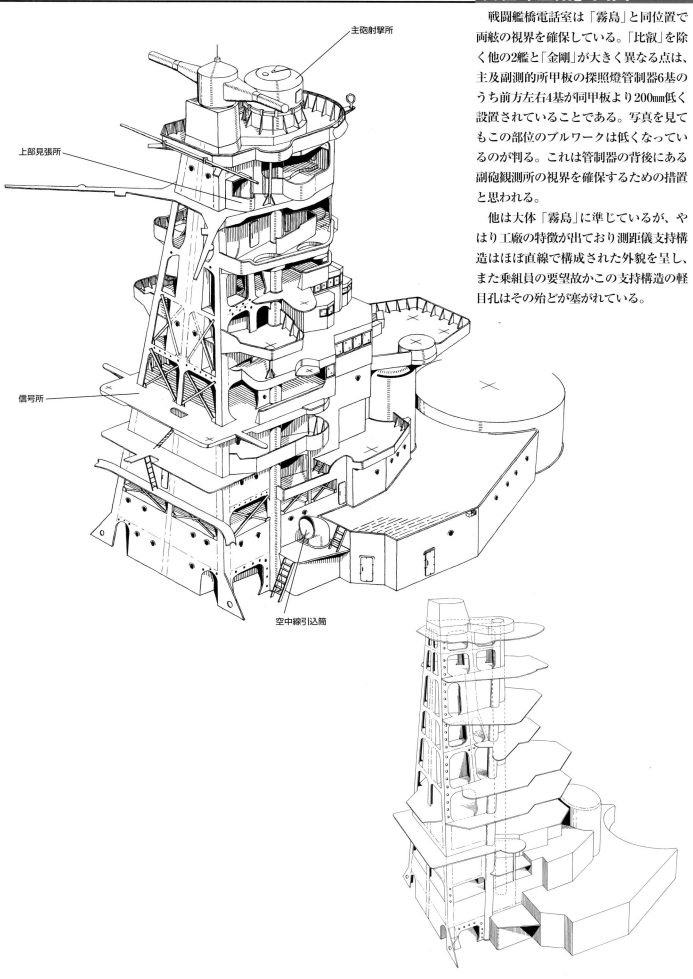

艦橋正面（1941年）

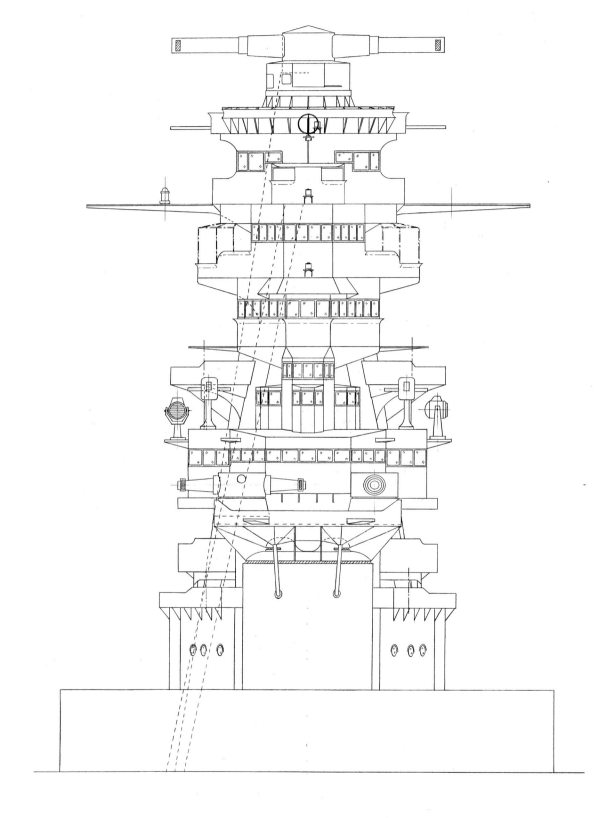

艦橋後面（1941年）

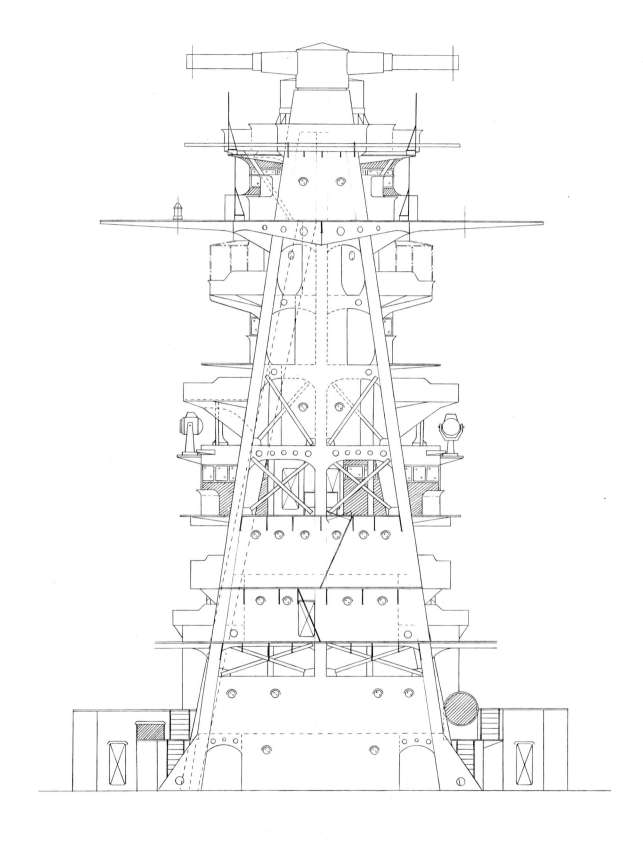

戦艦「金剛」図面

艦橋側面（1941年）

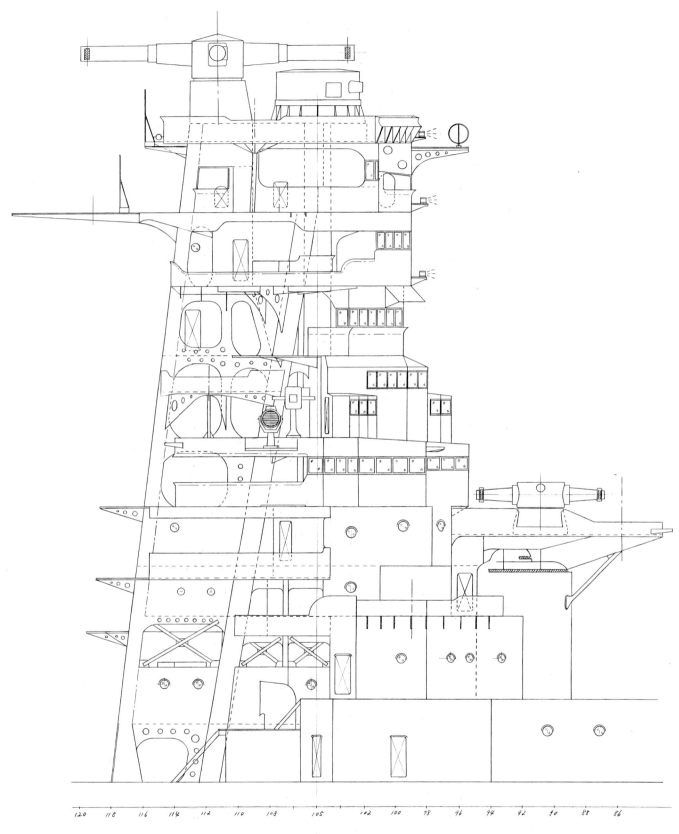

戦艦「金剛」図面

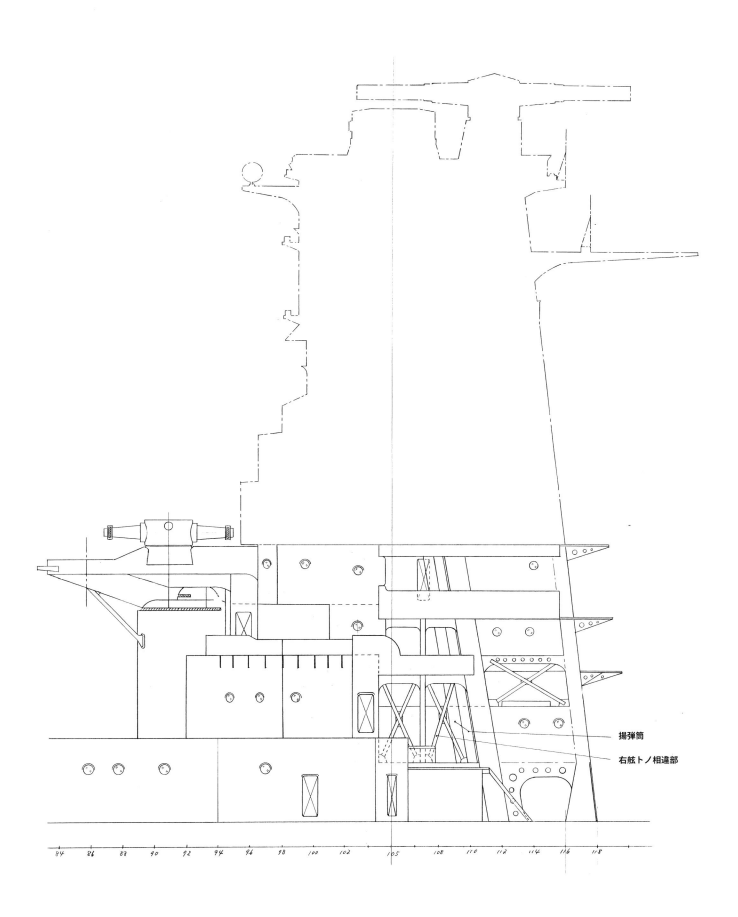

艦橋寸法図 側面（1941年）

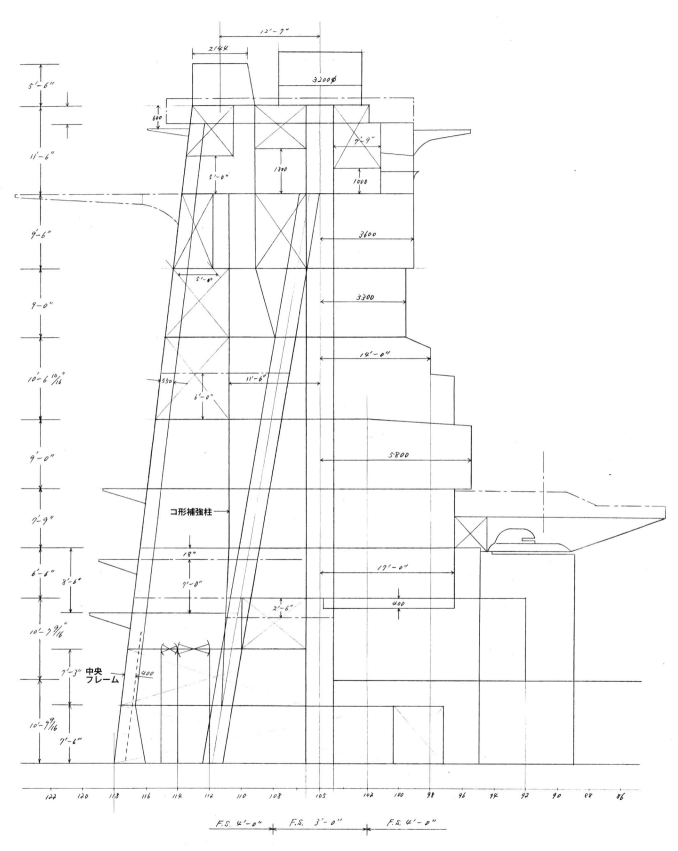

戦艦「金剛」図面

前檣寸法図（1941年）

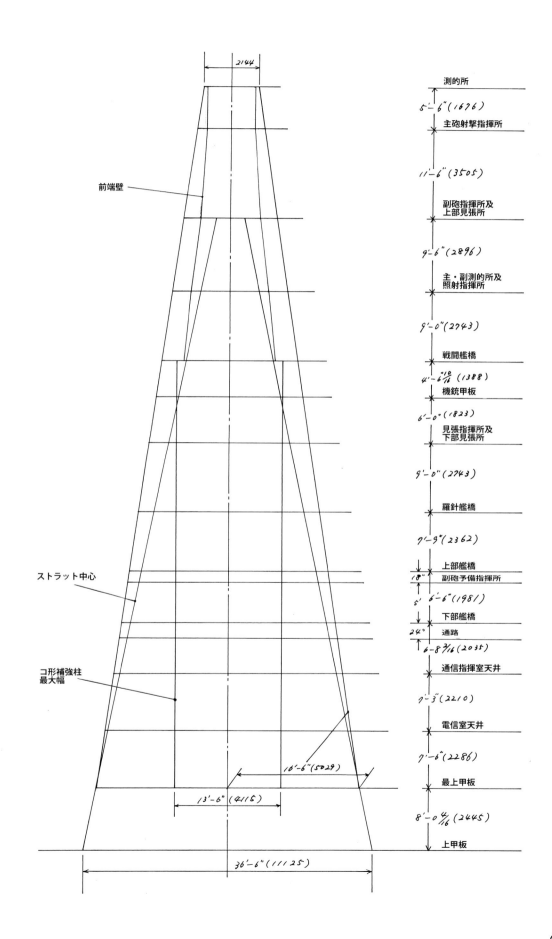

主砲射撃所

防空指揮所

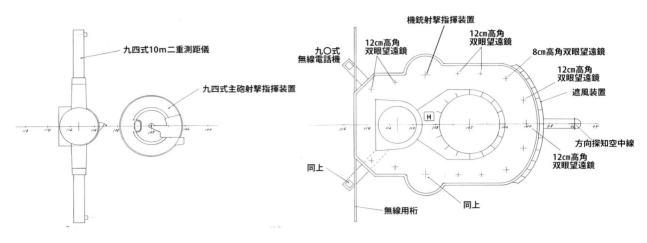

副砲指揮所及上部見張所

主・副測的所及探照燈指揮所

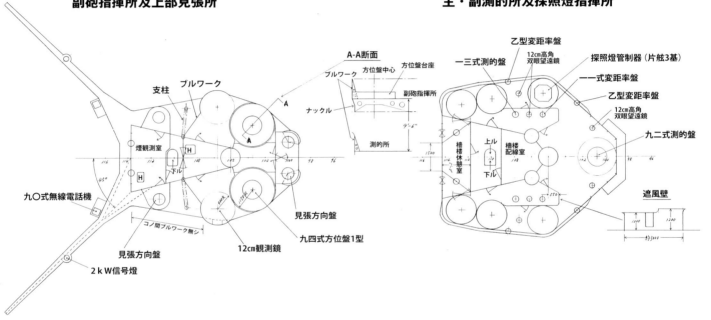

戦闘艦橋

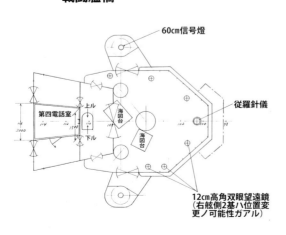

機銃甲板

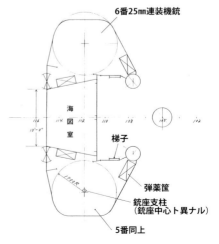

戦艦「金剛」図面

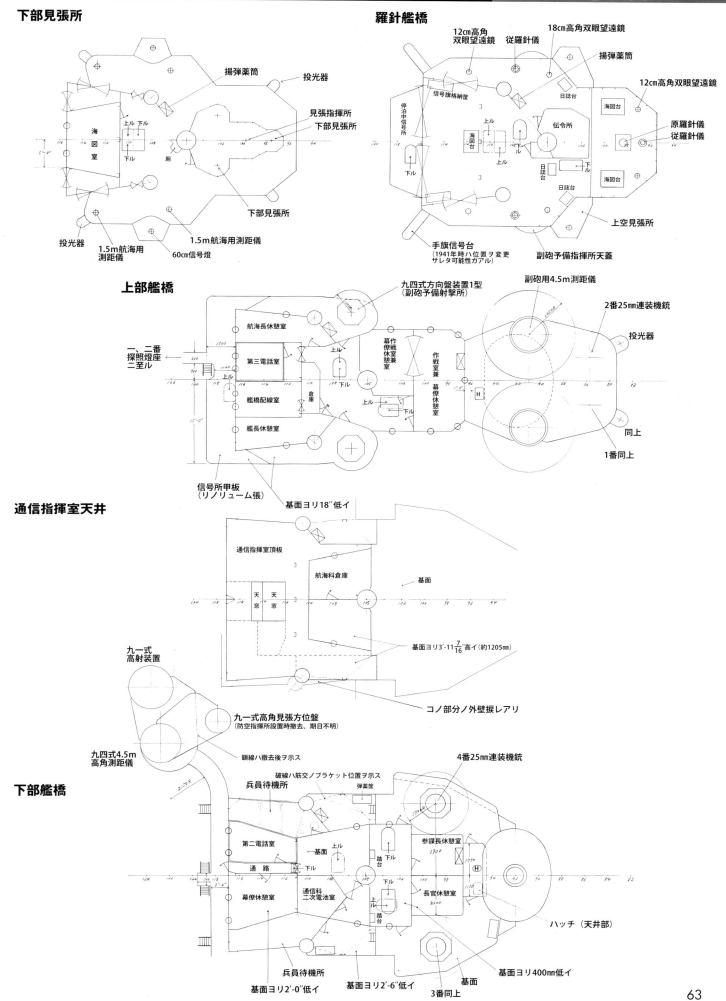

艦橋甲板

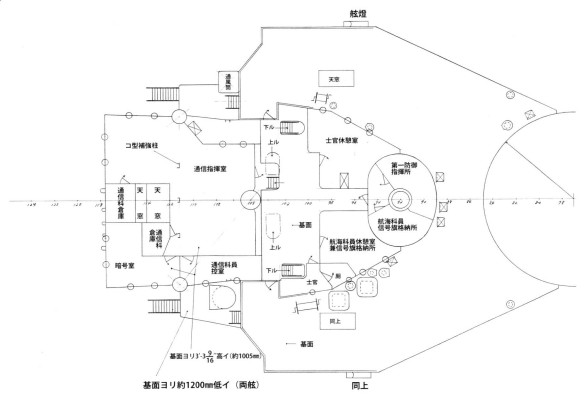

最上甲板

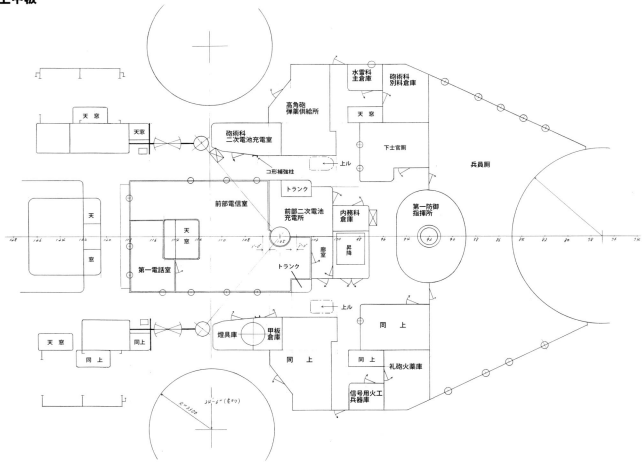

072 中央部煙突周り

　前部艦橋と同じく残存資料からはほぼ正確な形状が作図出来る。

　探照燈台座は「霧島」と異なり全て新造され、その基本構造は最後まで変化はなかった。

　探照燈は「霧島」と同じく6基のうち4基は煙突前方に段差を設けて2基ずつ、残り2基は後方に設置、後方探照燈台座柱は両艦それぞれ改装工廠は異なるが1本の太い円柱材を採用している。他艦と同様に前部台座の上方は兵員待機所として使用するため四方を外板で覆ったと思われるが、1940～41年時の鮮明な写真は殆どなく確認は出来ない。

　第一煙突は第一次改装時のものがそのまま、第二煙突は「霧島」と同じく旧来のものが嵩上げされ使用されている。全高も同様に第一の方がやや高く、両煙突共「霧島」と同寸法と思われる。

　第一煙突前方両舷の第一次改装後に装備された高角砲指揮所台座はこれも「霧島」と同じくブラケット等で新設時より補強されている。

　その前方に装備された高角見張方向盤は防空指揮所設置と同時に撤去、その機能は同指揮所へ移され、それに伴って高角砲指揮所床平面形は前方が削除された（「比叡」を除く3艦同じ）。

　後部マスト下方の高角砲座付近は「霧島」と殆ど同じであるが揚艇桿（デリック）繋止位置が他3艦はケーシング天井上であるのに対し、「金剛」ではマストに平行な縦位置としており、これは乗組員の要望と思われるが、他には「山城」の例がある。

中央部基本構造側面図

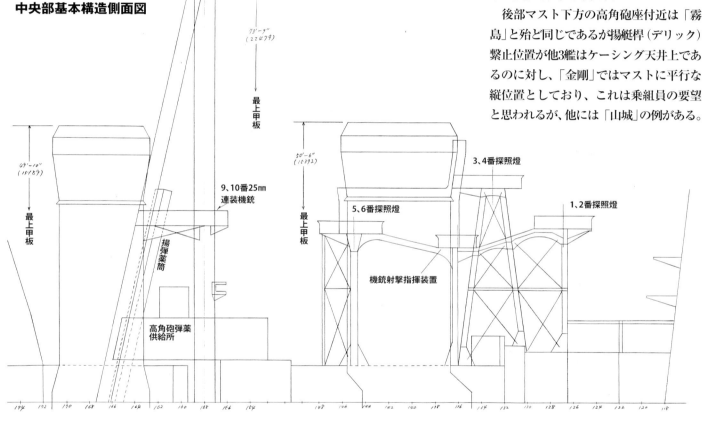

第1煙突部基本構造正面図　　**第1煙突部基本構造後面図**

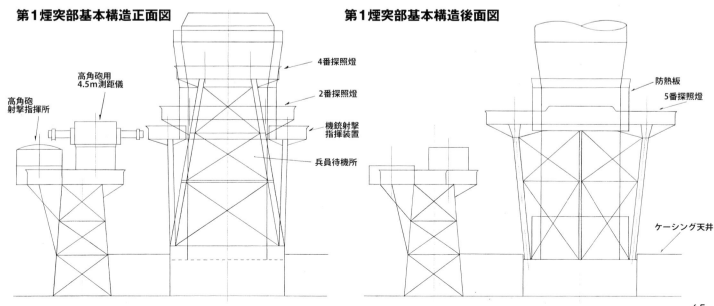

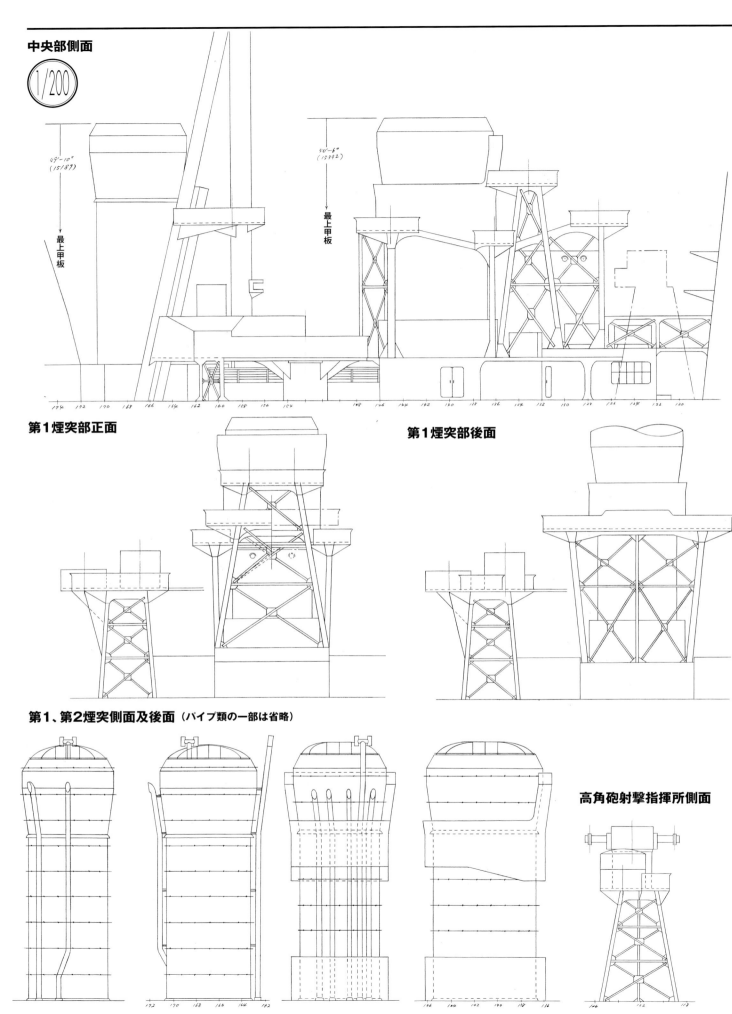

戦艦「金剛」図面

探照燈及機銃甲板平面

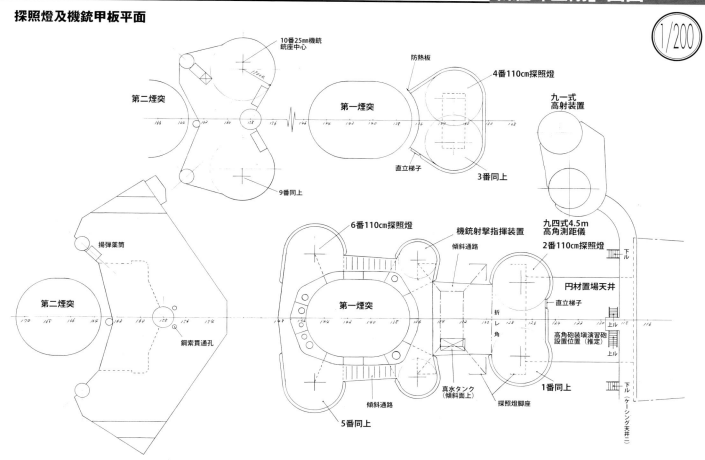

ケージング天井平面

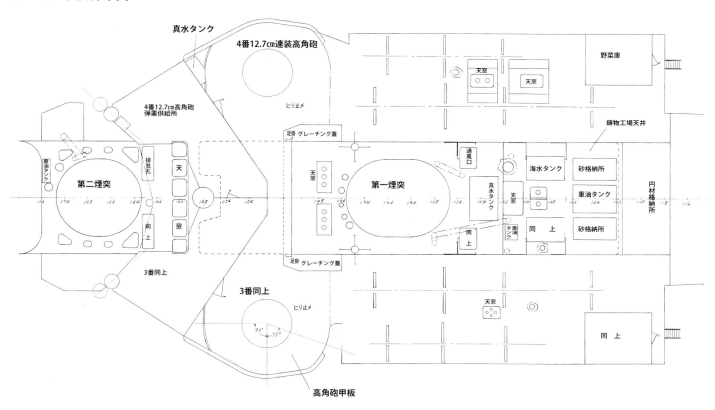

最上甲板平面

1/200

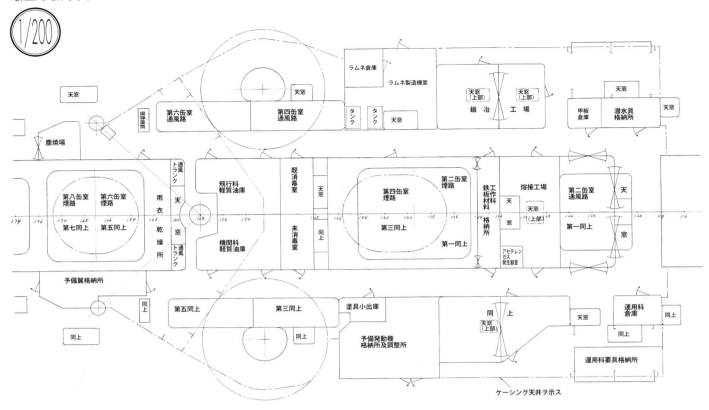

073 後部艦橋

　後部艦橋も艦内側面図よりほぼ正確な形状が作図出来る。「霧島」のところでも述べたが工廠毎の特徴の現れとして両艦の間で微妙に差が出ているのが興味深い。
　「金剛」は改装直後の鮮明な写真が数葉残されており、大いにリサーチの助けとなるが、1940～41年頃のそれは殆どなく、防空指揮所を設置した後の全体艦影はまた異なった印象を与えると思われるが、それは模型等で再現するしか方法はないのだろうか。

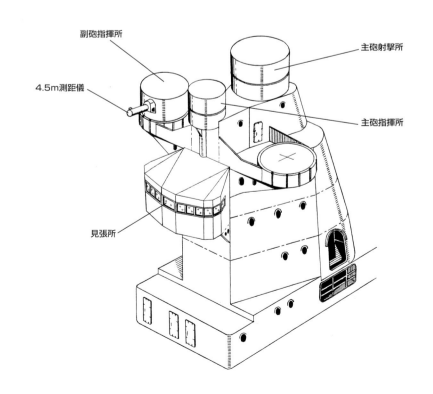

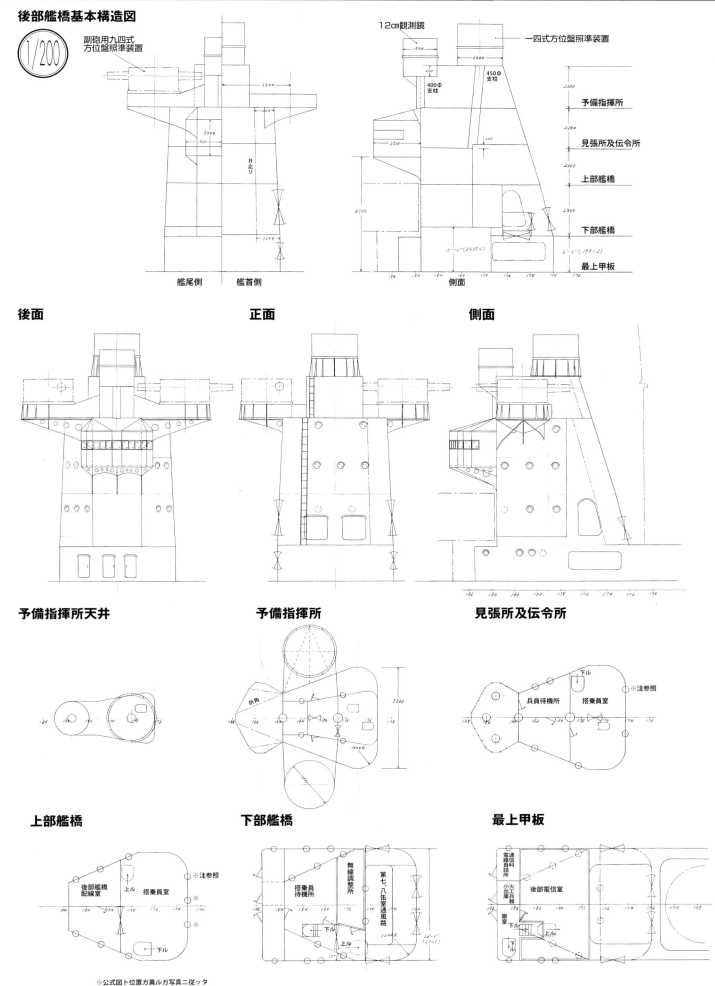

08. 戦艦「比叡」図面

081 前部艦橋

「比叡」の公式図面類（1/96）は「霧島」と同様に少ない。特に全体像を示す側面図は未だに発見されていない。残存図面類から推定すれば、敗戦前後には完成図一式は焼却されずにどこかに残っていたと思われるが、その混乱期に紛失したものらしい。

残っているものでよく知られるものは前後部艦橋構造図で、これは珍しい。これと完成直後の写真を組み合わせてリサーチすれば、かなり正確な形状が再現出来る。

残念ながらこの公式図にも作図ミスがある。それはマストとストラット中心を通る断面図の機銃、副砲測距甲板の位置表現が側面構造図と艦橋通風装置図にある同甲板平面図とで合わない点である。

周知の通り「比叡」の艦橋は「大和」型の実用実験としての役を担っており、事実、諸艦橋平面図で両艦を比較するとそれがよく理解出来る。

主砲射撃指揮装置も「大和」型と同じ九八式（「大和」型は更にこれを改良）を採用、これを測距搭の上に置く構造である。これを支えるのは他の「金剛」型と異なり「伊勢」型で採用された円柱（図では支筒と表現）方式で全体として見れば四脚柱構造と表現出来る。アングル材で構成された支持構造より耐震性に勝ると思われる。

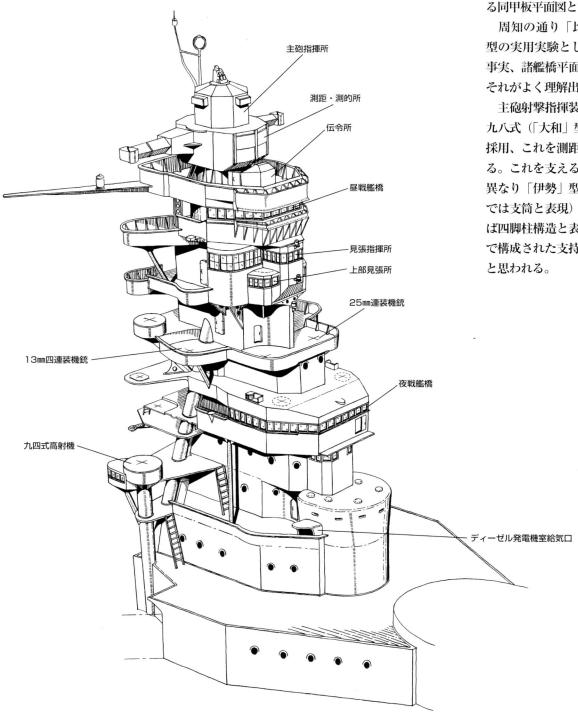

70

戦艦「比叡」図面

　防空指揮所も最初から装備され、前面には遮風装置も付けられている。その形状が改装直後と開戦直前のそれとで異なるのは、窓下にも整流板を付けることによりその遮風効果が主砲指揮所まで届く事実が風洞実験で確認されたからで、これは「大和」型には最初から採用された。
　因みにこれは電探装備が原設計になかった巡洋艦「阿賀野」「大淀」にも採用されたが、「阿賀野」型2番艦以降は電探室を設け、射撃指揮所は更に高位置となったため遮風効果は期待出来ず、従来の小型のものに変更された。
　司令塔も「伊勢」型と同様に新製され、よりコンパクトとなり、内部配置も前方が操舵所、中央部は応急指揮所、後方は主砲予備指揮所となっている。
　もし「比叡」が電探装備時まで残存していたら、「阿賀野」型2番艦以降と同じく主砲指揮所を約1m嵩上げしてそこに電探室を設けた筈で、外貌は更に異なった印象を与えたであろう。

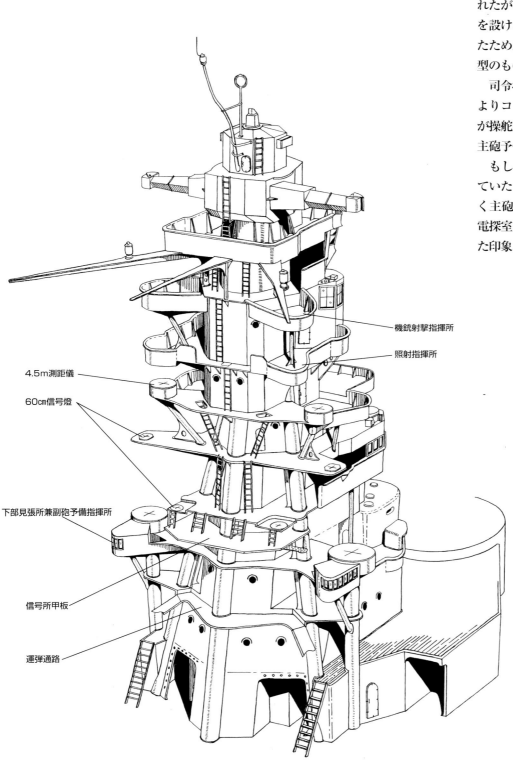

- 機銃射撃指揮所
- 照射指揮所
- 4.5m測距儀
- 60cm信号燈
- 下部見張所兼副砲予備指揮所
- 信号所甲板
- 運弾通路

71

艦橋正面（1941年）

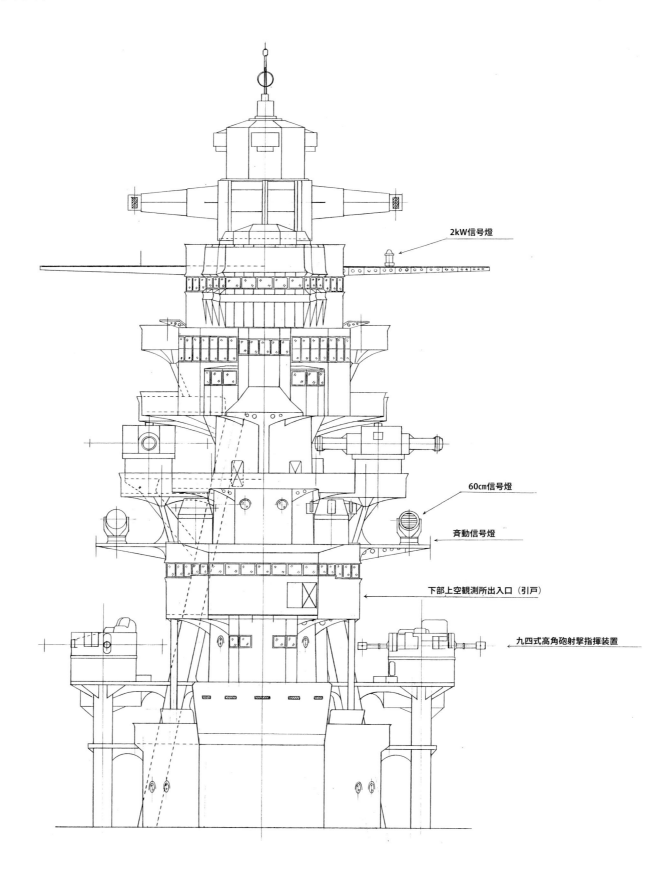

2kW信号燈

60cm信号燈

斉動信号燈

下部上空観測所出入口（引戸）

九四式高角砲射撃指揮装置

戦艦「比叡」図面

艦橋後面（1941年）

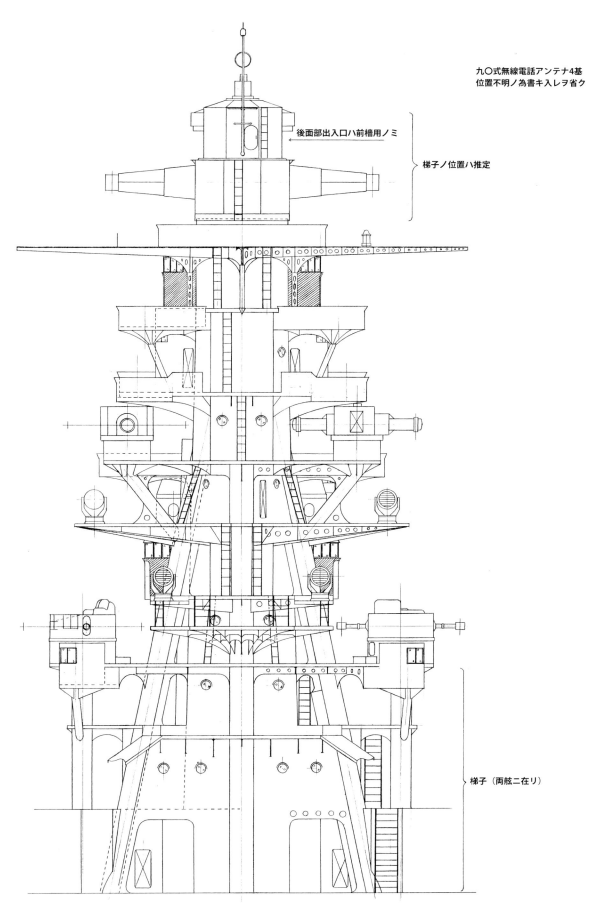

九〇式無線電話アンテナ4基
位置不明ノ為書キ入レヲ省ク

後面部出入口ハ前檣用ノミ

梯子ノ位置ハ推定

梯子（両舷二在リ）

斜線部ハ艦橋内部ヲ示ス

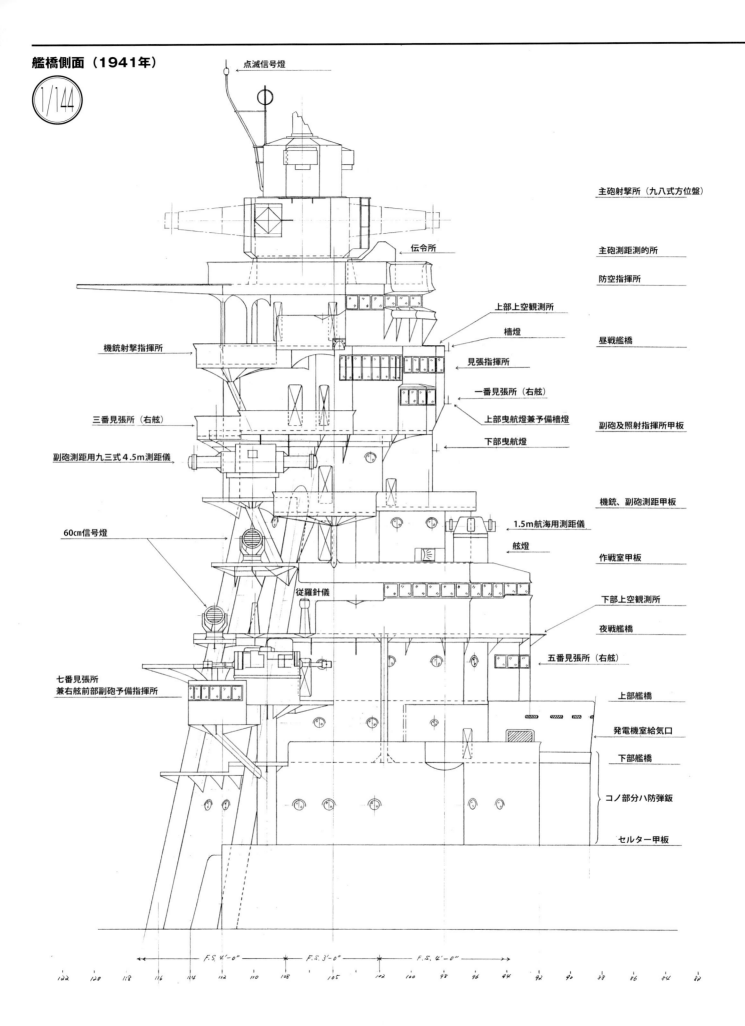

戦艦「比叡」図面

艦橋寸法図 側面（1941年）

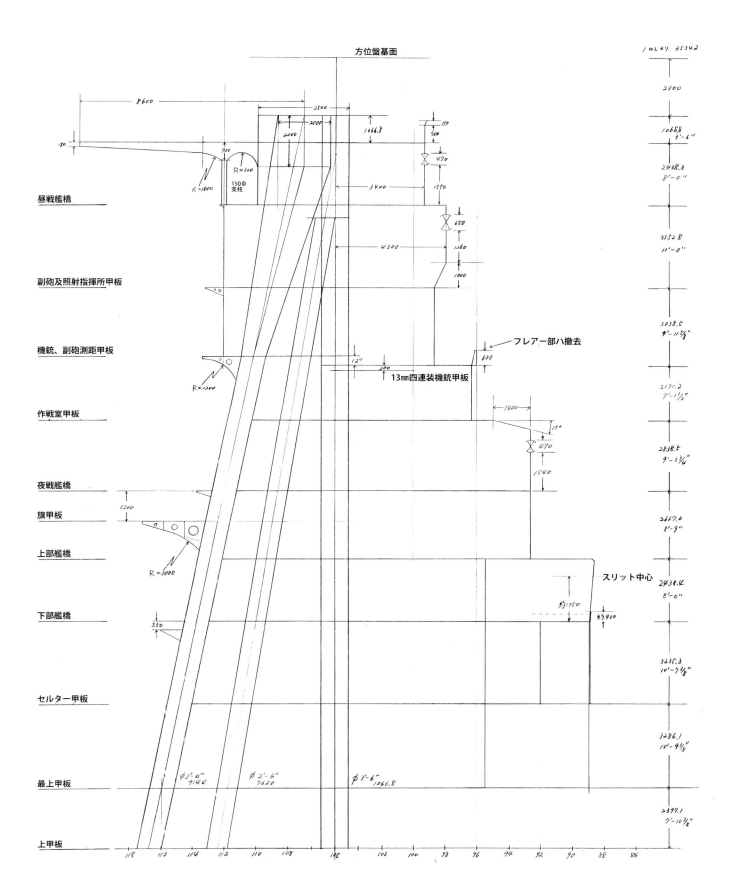

前檣寸法図（1941年）

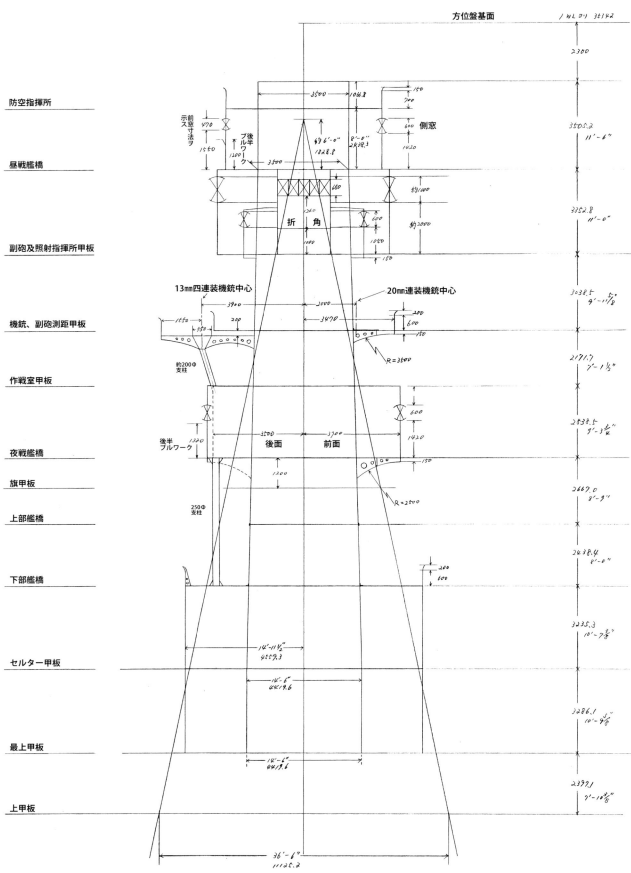

戦艦「比叡」図面

10m測距儀及九八式主砲指揮所

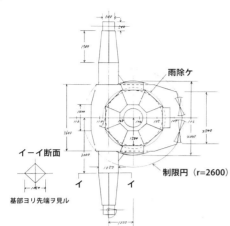

防空指揮所

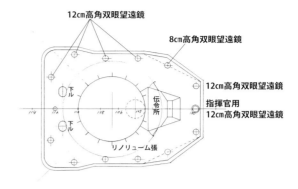

第一艦橋天蓋部

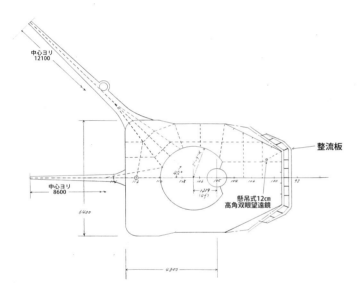

第一艦橋

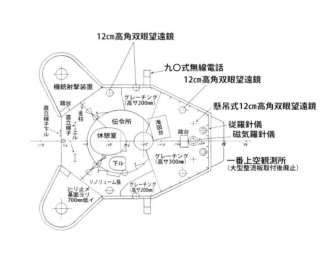

第一艦橋床面

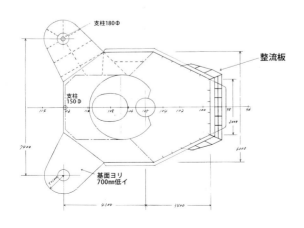

照射指揮所、副砲射撃指揮所及上部見張所

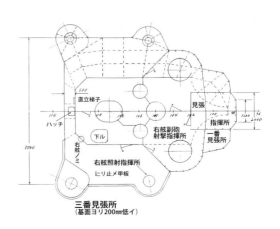

機銃、副砲測距甲板

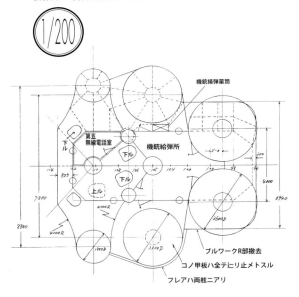

作戦室

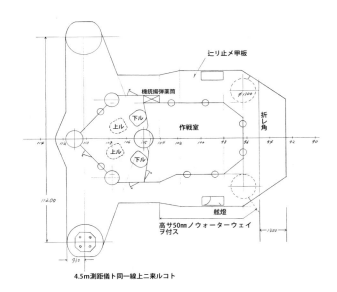

第二艦橋天蓋

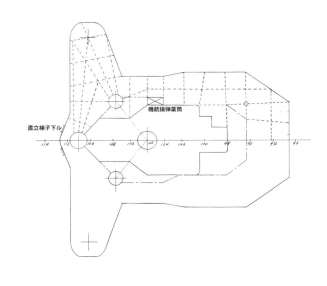

第二艦橋

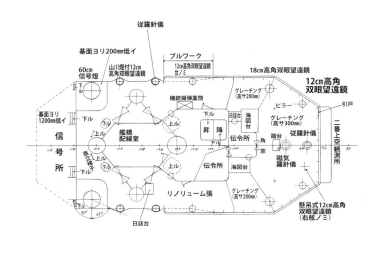

第二艦橋床面

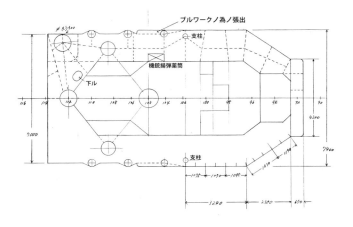

信号所（一部推定）

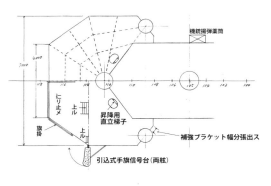

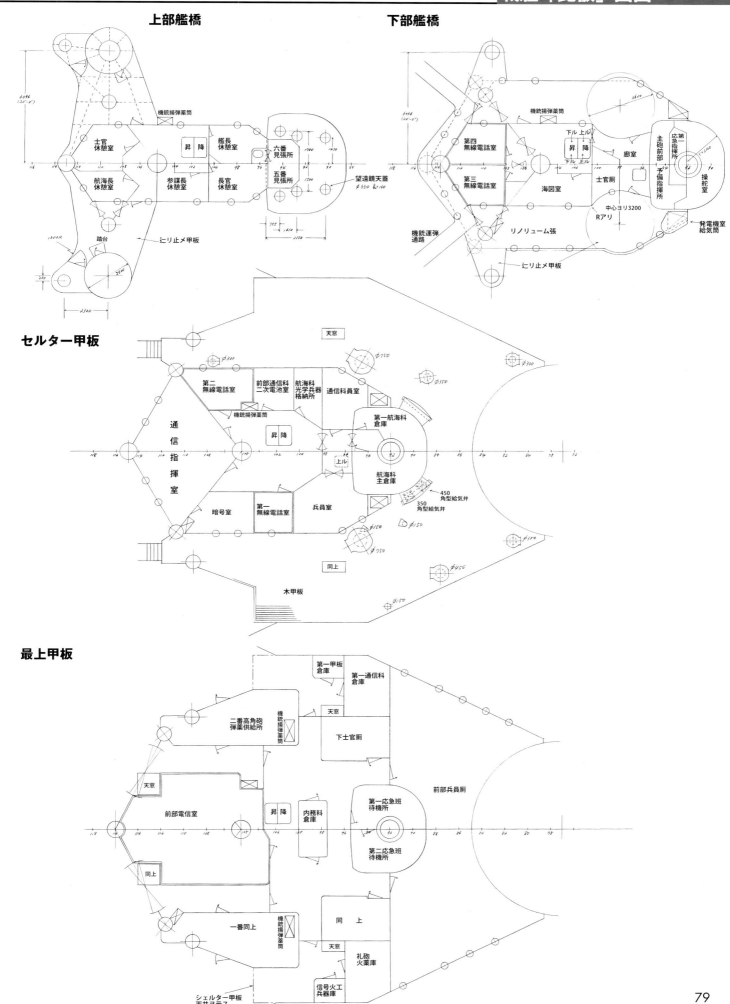

082 中央部煙突周り

　この部位の側面を示す公式図は前述の通り未だ発見されておらず、従ってここに図示したものは全て筆者の推定である事をお断りしておく。

　幸いにして中央部を示す平面図は完成図の様な詳細なものはないが、通風装置図等の大体図は残っており、ほぼ正確な形状、位置は求められる。不明部は当然の事ながら他の3艦より推定した。

　第一煙突は新製され、第二は旧来のものを一部改修し使用、高さは他の3艦と異なり前後とも等しくなっている。

　探照燈群は、1、2番は5、6番機銃座の前方に設置されている。この台座脚柱は入渠中の写真から3本と判断した。3～6番は他艦と大体同じ配置であり、これらの台座脚柱構造は全て写真からの推定である。特に5、6番のそれは不明部が多く、「霧島」「金剛」の様な1本の円柱とは認められず、呉工廠で改装された「伊勢」型を参考とした。

　高角砲座の位置は「霧島」「金剛」と同じであるが、弾薬供給所の形状が変わり、両舷の通行がダイレクトに行なえなくなった。三脚マストも改装直後と異なり中間部に補強板が取り付けられた。

中央部基本構造側面図

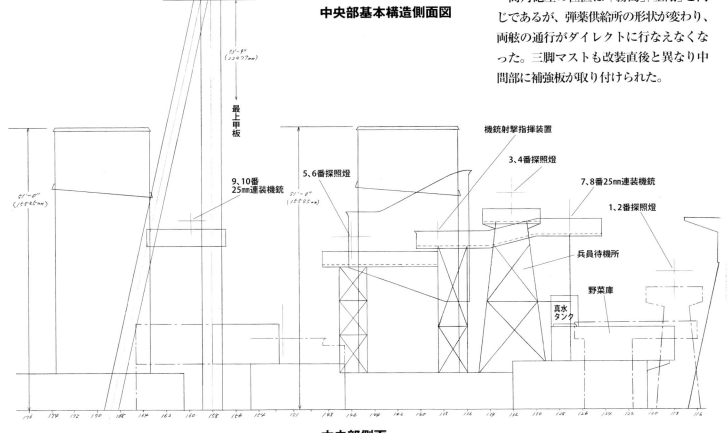

中央部側面

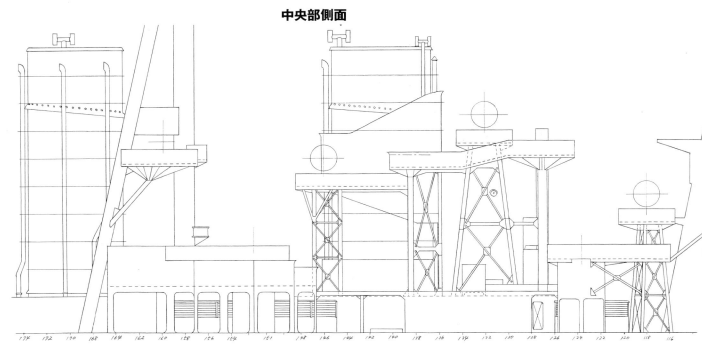

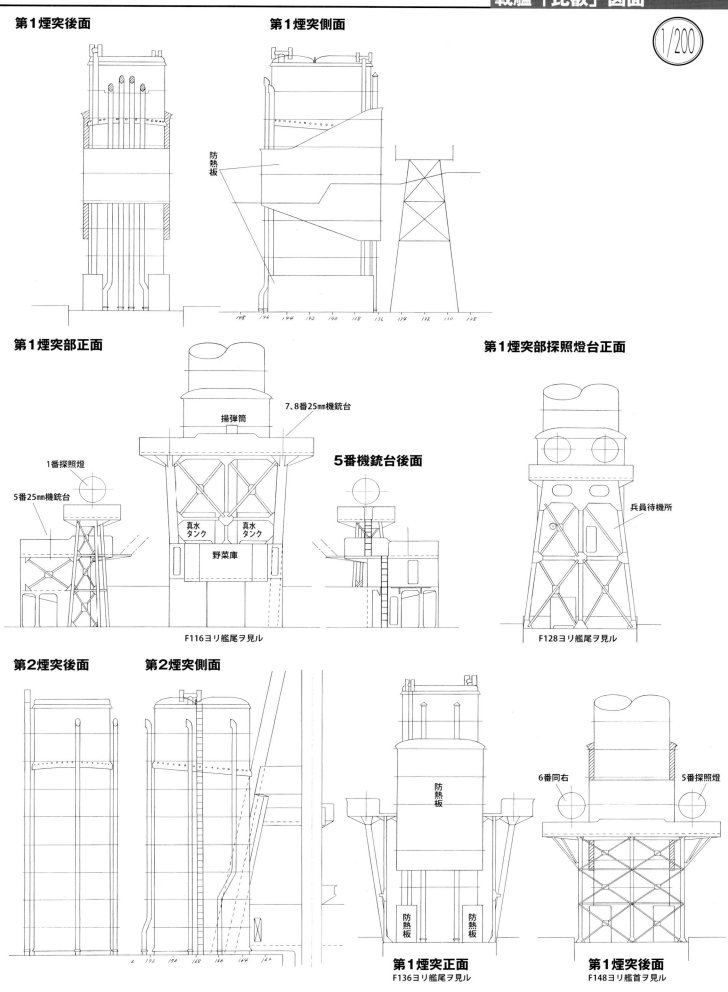

機銃・探照燈甲板平面

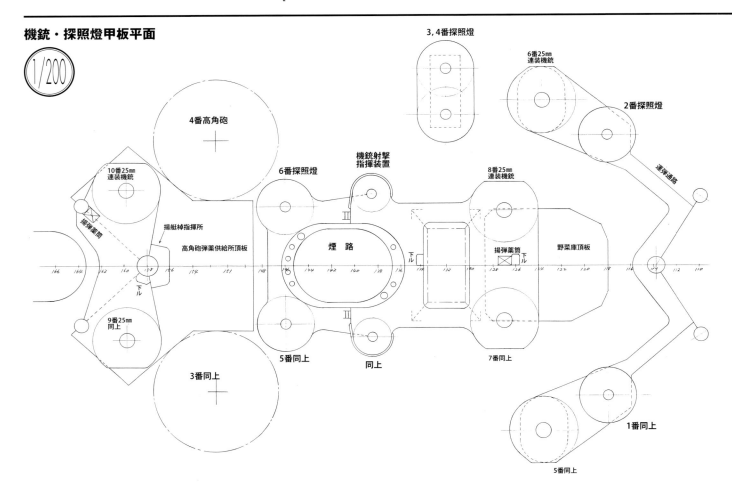

ケーシング天井平面

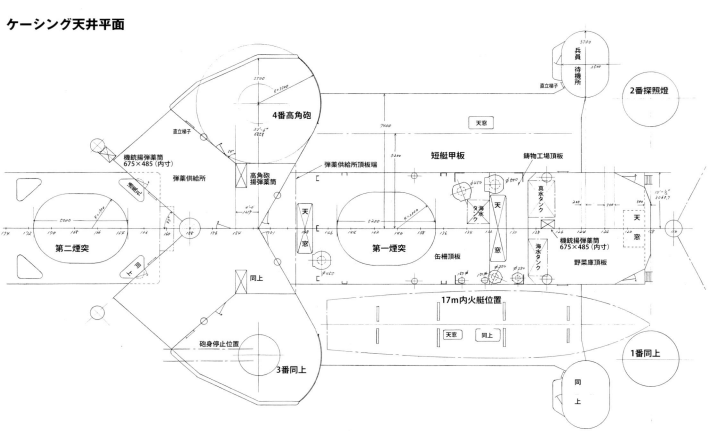

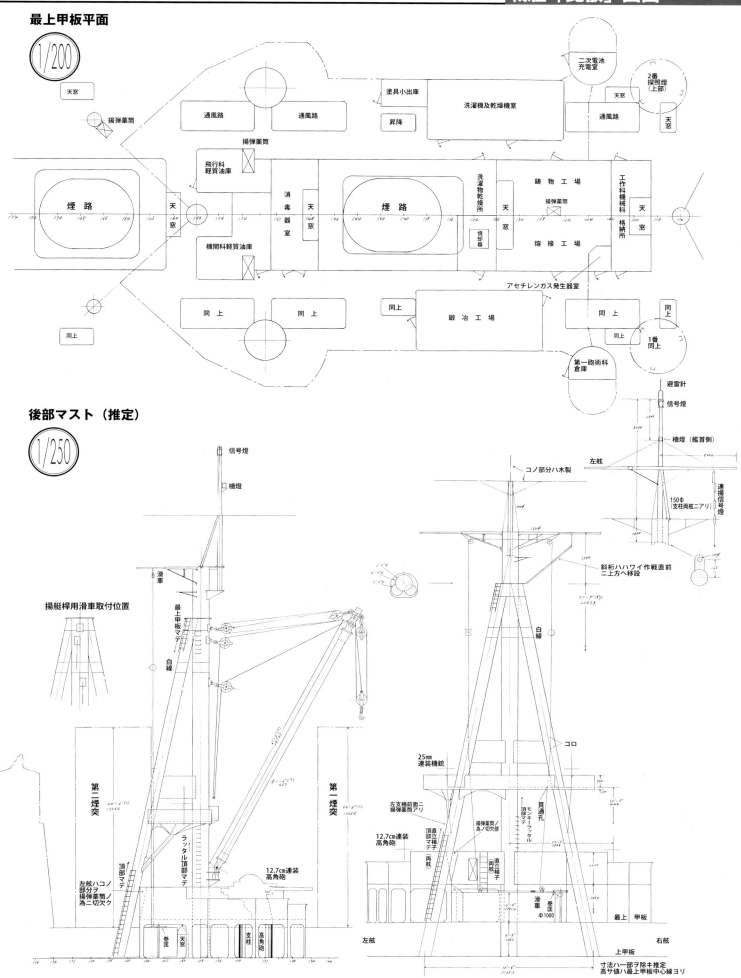

083 後部艦橋

　後部艦橋も構造図が残存しており、かなり正確に作図が出来る。
　前面壁の傾斜は他の2艦よりややゆるくなり、主砲指揮装置も新型のものが装備されたため、すっきりとした外貌で前部艦橋と相俟って近代戦艦らしさをうかがわせる。

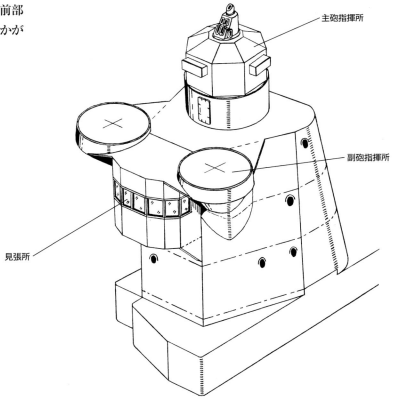

後部艦橋基本構造図

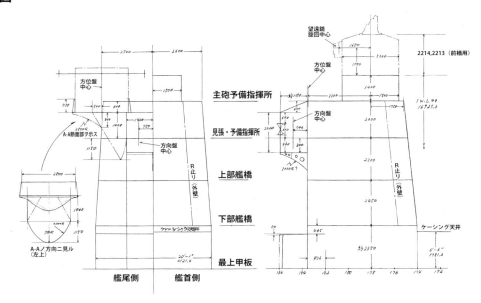

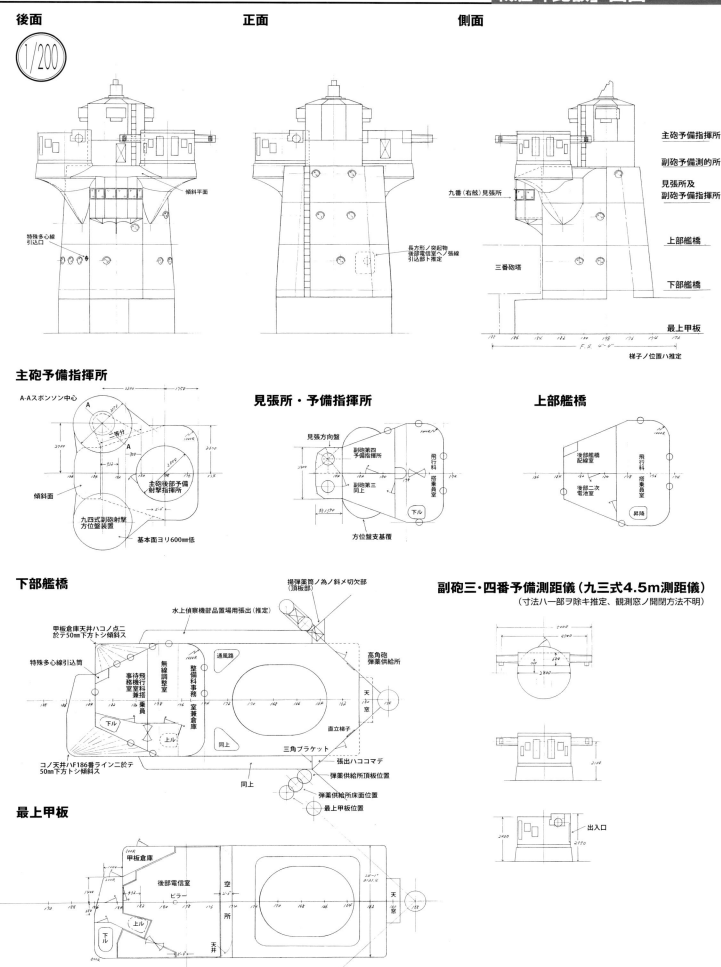

09. 戦艦「扶桑」図面

091 前部艦橋

「扶桑」の公式図面類（1/96）が公表されたのは比較的新しい。しかしそれは艦尾延長直後のものであるから、1940年（昭和15年）～1941年（昭和16年）にかけて行なわれた改修工事後の状態は写真でリサーチするしか方法はない。

「扶桑」は太平洋戦争に参加した戦艦群の中で最初に近代化改修（大型測距儀を檣頂に装備する）が行なわれたこともあり、他艦と異なる多くの特徴がある。

まずこれは新造時からのそれであるが、前後マストに僅かにテーパーが付けられておりかなり手の込んだ造りとなっている。三脚マスト戦艦は新造後逐次改造が繰り返し行なわれた。近代化改装前までは1923年（大正12年）4月に制定された「砲戦指揮装置草案」に基づいて整備され、その内容は全艦ほぼ共通であった。具体的に記すと上方から「主砲射撃所」「主砲指揮所」「副砲指揮所・上部見張所・高所測距所」「主・副測的所、照射指揮所」「戦闘艦橋」「前部探照灯、下部見張所」「羅針艦橋」の各甲板の順で構築された。近代化改装時艦橋構造はこの順序を変更せずに工事が実施されたが、最初の「扶桑」のそれは改良実験の意味を含めてか「副砲指揮所」と「主・副測的所」の順序を交換する内容であった。これが「扶桑」が他戦艦と異なる大きな特徴で、それは前部艦橋上部の外貌差となったが、結果が芳しくなかった故か他艦には採用されなかった。また上部見張所甲板前方の兵員待機所がやや右舷寄りとなっているのも珍しい。

開戦直前に装備された九四式射撃指揮装置で艦橋高は一段低くなり、その下の防空指揮所甲板平面形も独特で、これは

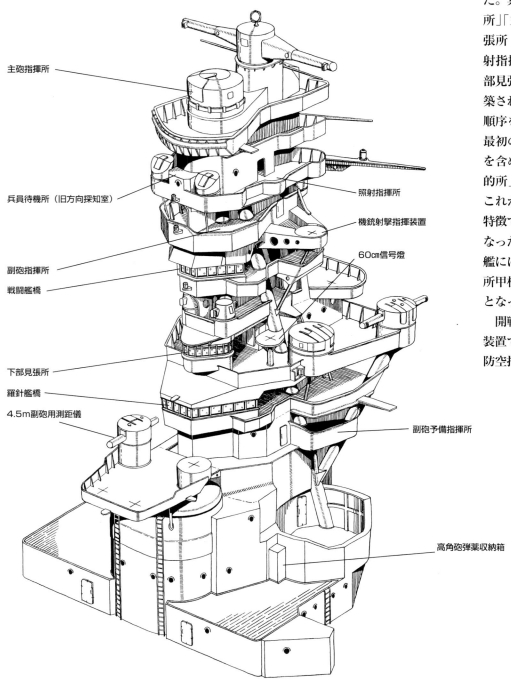

86

戦艦「扶桑」図面

直下の主・副測的所甲板平面形にならっており、前方のみ扇形に広げている。高角砲指揮所甲板後方左右の4.5m測距儀台座の支柱にもテーパーが付けられている。

羅針艦橋から下の構造は右舷と左舷で外貌が対称ではない。これは左舷に長官休憩室があり主砲発射時の爆風除けの外壁板が張ってあるからである。

檣頂の大型測距儀を支える支持構造も他艦と異なり、背面の傾斜は下部見張所甲板までで、そこで折レ角を採り最上甲板まで垂直に降りている。

これは周知の如く航空兵装の実用実験のため第三砲塔の係止位置を正位置（砲身を艦首方向に向けること）としたことによる。最上甲板構造物（艦橋甲板）は他艦と異なり第二砲塔基部とは繋がっていない。これは最後まで改造されなかった。

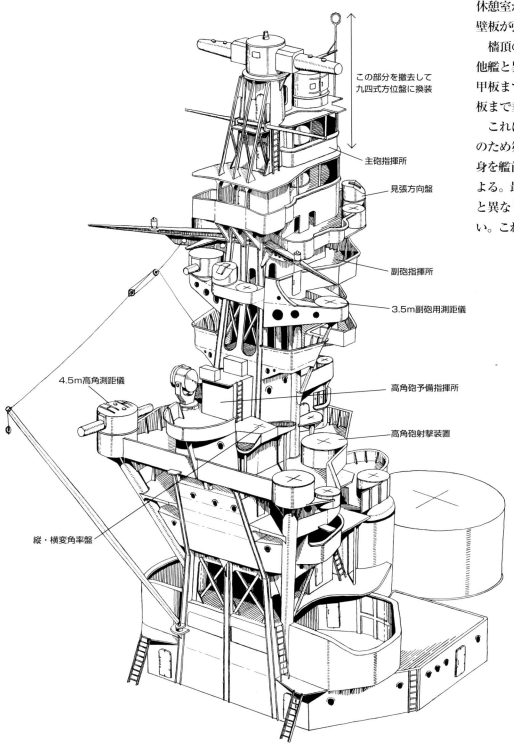

1935年頃ヲ示ス

艦橋正面（1941年）

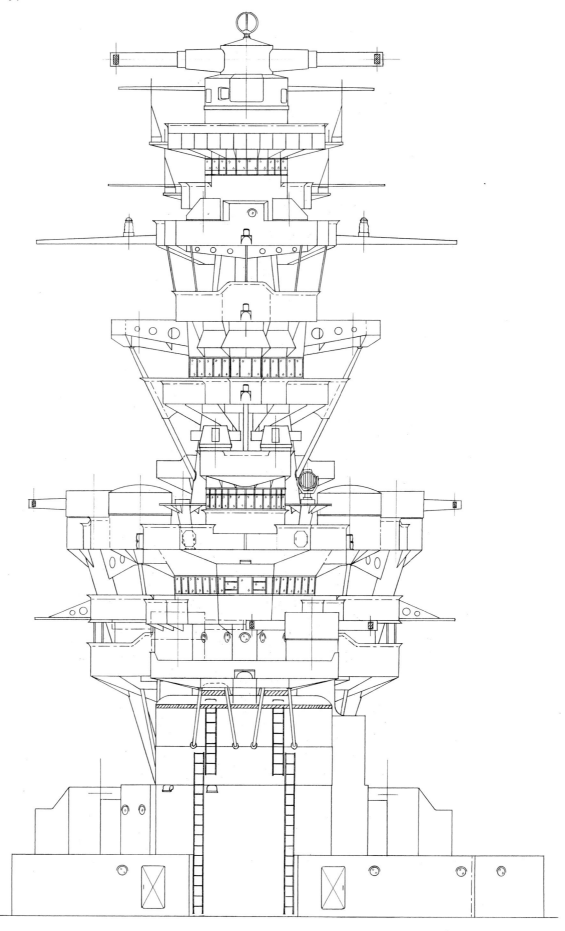

戦艦「扶桑」図面

艦橋後面（1941年）

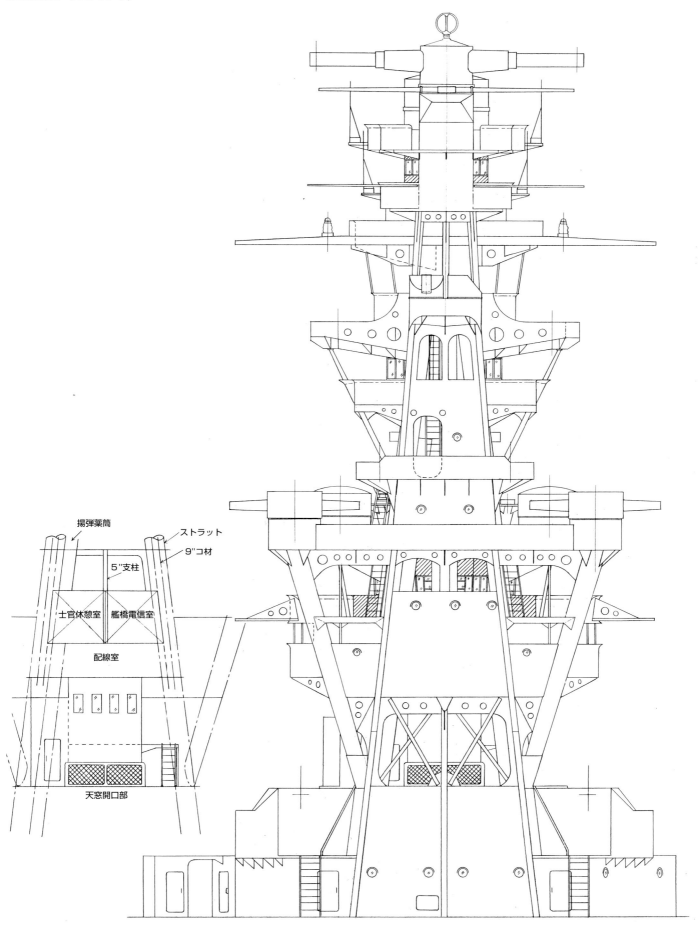

艦橋側面（1941年）

1/144

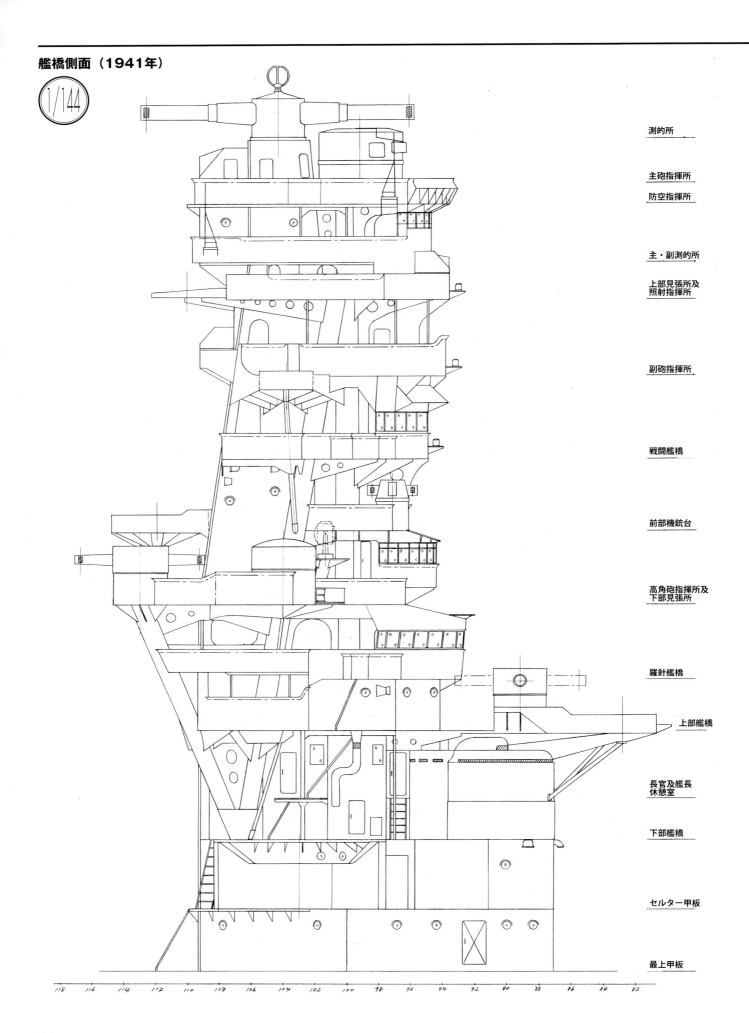

測的所

主砲指揮所
防空指揮所

主・副測的所

上部見張所及
照射指揮所

副砲指揮所

戦闘艦橋

前部機銃台

高角砲指揮所及
下部見張所

羅針艦橋

上部艦橋

長官及艦長
休憩室

下部艦橋

セルター甲板

最上甲板

戦艦「扶桑」図面

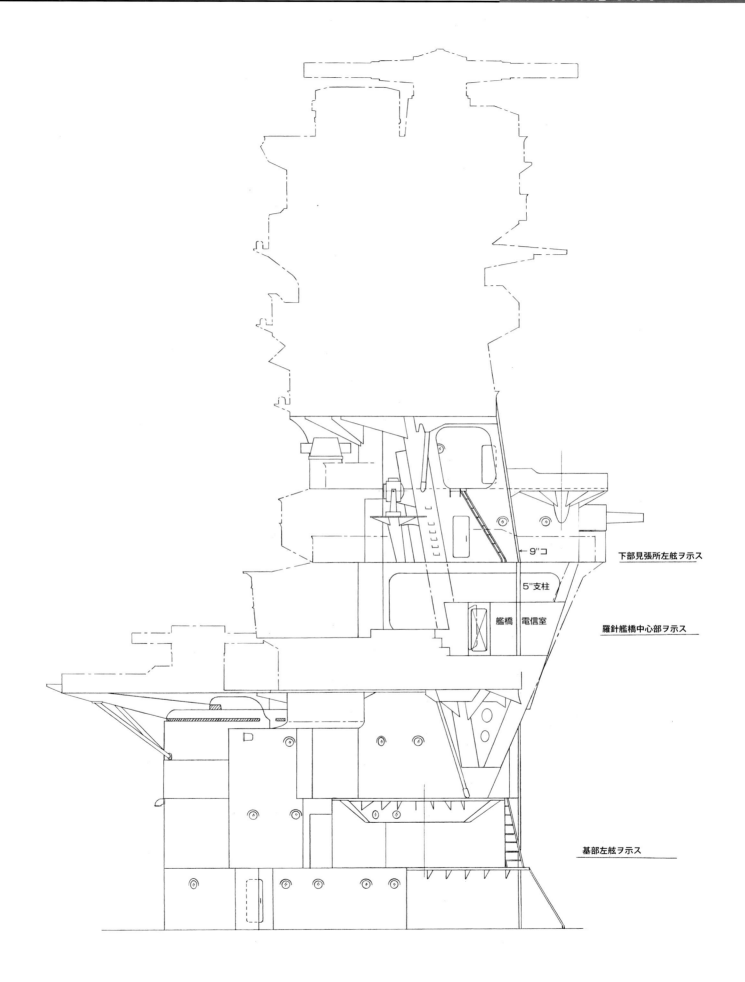

艦橋寸法図 側面（1941年）

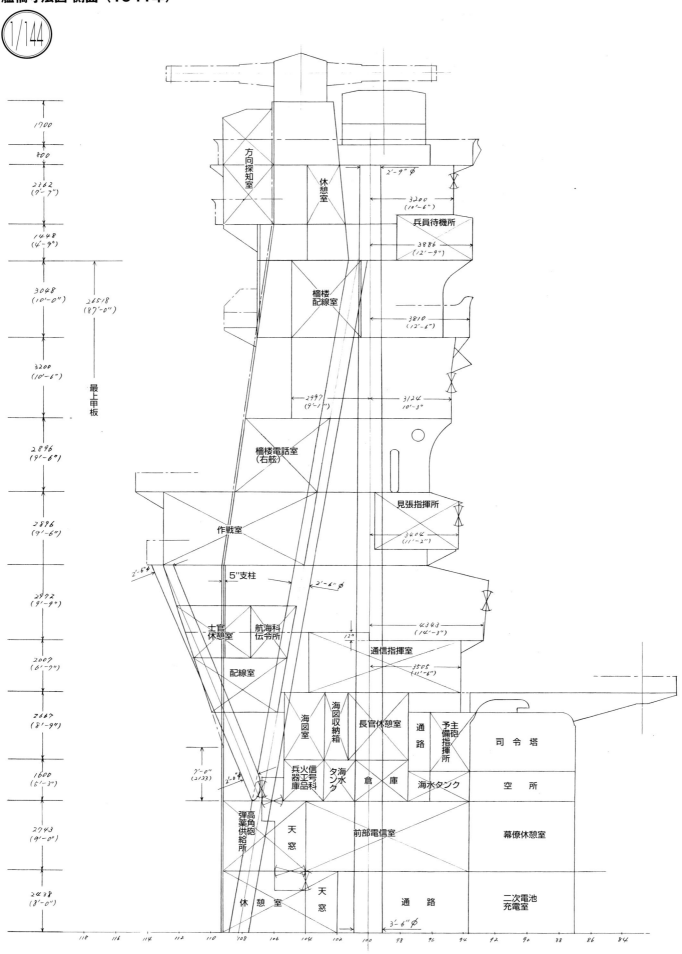

戦艦「扶桑」図面

前檣寸法図（1935年）

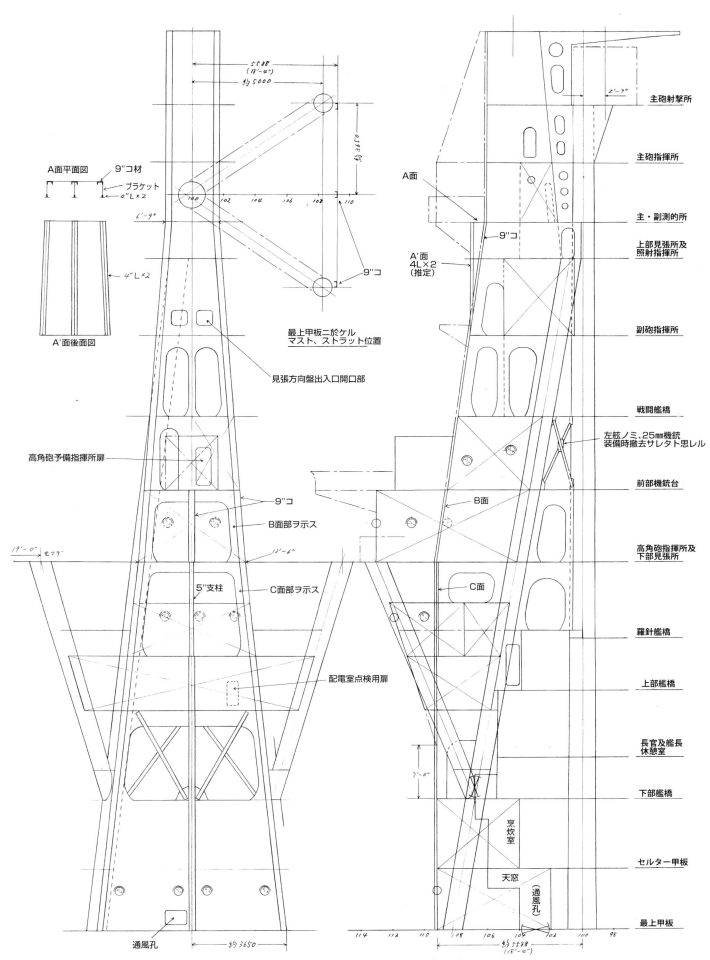

測距所　　主砲指揮所　　防空指揮所

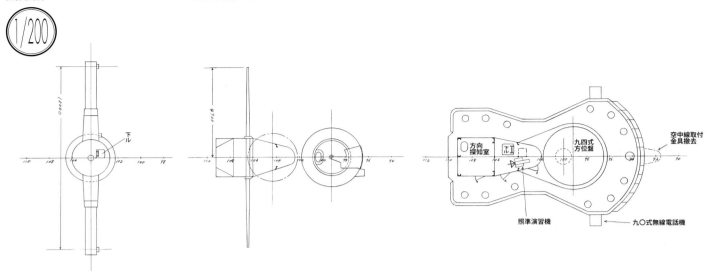

主・副測的所　　　　　　　　照射指揮所及上部見張所

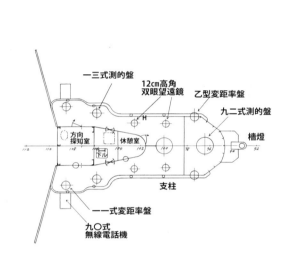
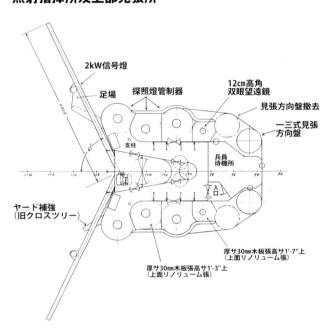

副砲指揮所　　　　　　　　戦闘艦橋

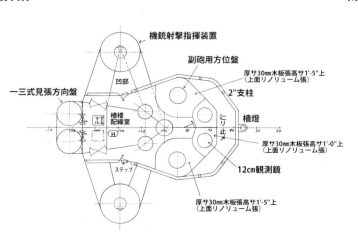
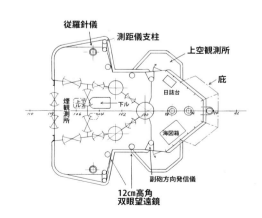

戦艦「扶桑」図面

前部機銃台

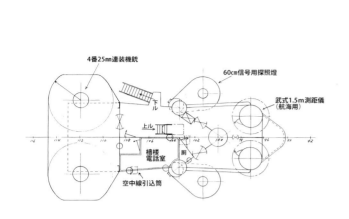

高角砲指揮所、作戦室、信号所及下部見張所

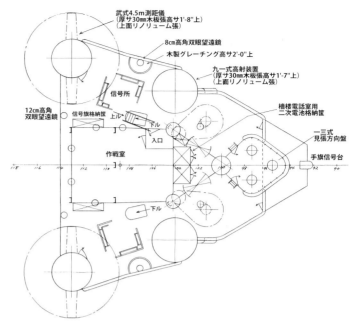

羅針艦橋

上部艦橋

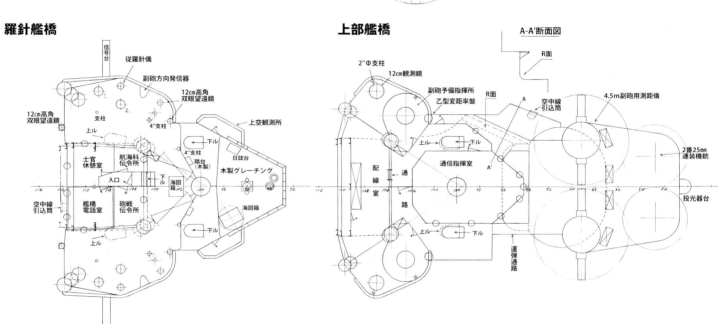

長官及艦長休憩室並海図室

下部艦橋

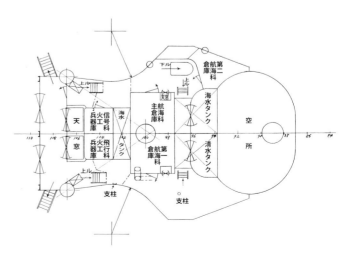

セルター甲板

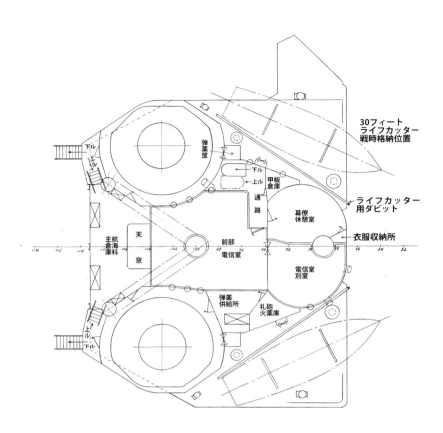

最上甲板

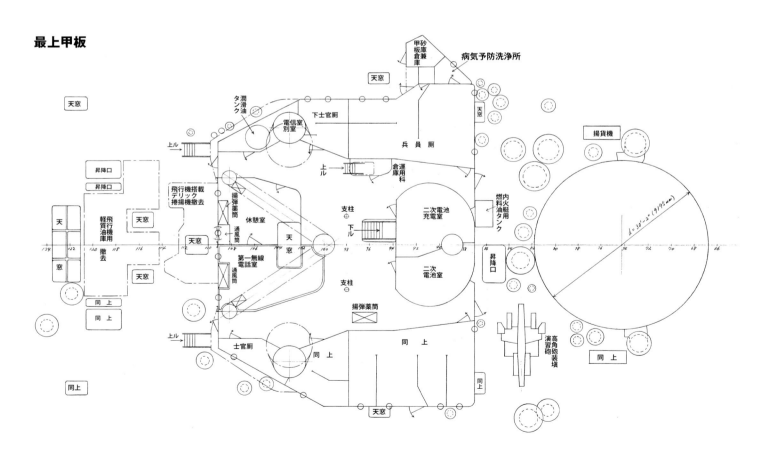

092 中央部煙突周り

　中央部を示す1940年（昭和15年）から1941年（昭和16年）頃の図等の資料は全くなく写真のみである。幸いにして左舷上空から撮られた比較的鮮明な25mm機銃装備後の写真が発表されており、それと「山城」の資料を参考として作図した。

　缶柵頂及びケーシング天井上に数基の海水、真水タンク及び第二野菜庫が設置されているが、25mm機銃装備時これらのタンクの位置を変更しなければ給弾作業等の邪魔となるため、作図では写真を参考にそれらを移設、第二野菜庫は撤去し、

3、4番探照燈台座下方部に新設と推定した。

　第一煙突は旧第二煙突がそのまま使用され探照燈設置に伴ってその背後に防熱板が取り付けられた。

中央部基本構造側面図

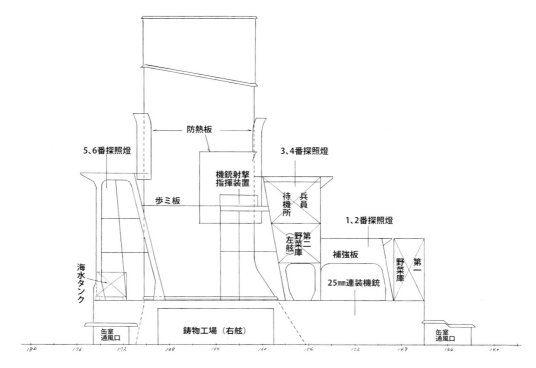

中央部基本構造正面図／後面図

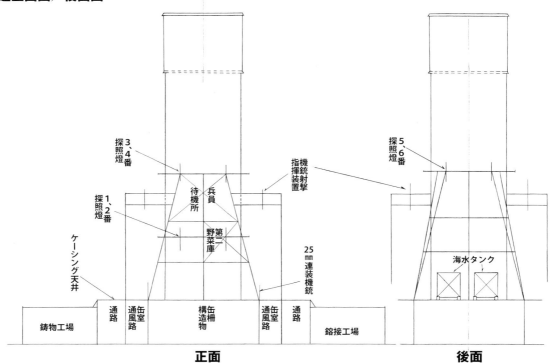

煙突部側面

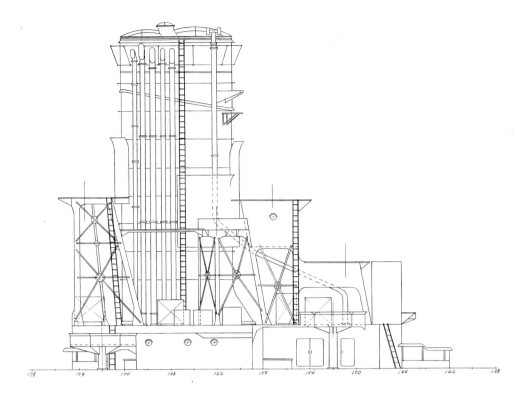

煙突部正面

煙突部後面

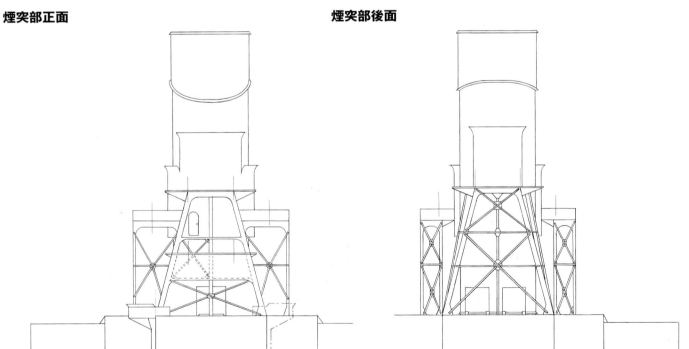

第一野菜庫ヲ除ク

戦艦「扶桑」図面

探照燈台平面

1/200

スチーム
サイレン台

178　174　170　166　162　158　154

機銃台平面

歩ミ板

第二野菜庫

174　170　166　162　158　154　150

機銃射撃
指揮装置

ケーシング天井平面

8番25mm
連装機銃

揚弾薬筒
弾薬筺　弾薬筺

6番25mm
連装機銃

通風路　通風路

真水
タンク

真水
タンク

海水
タンク

海水
タンク

海水タンク

第一野菜庫

天窓

同上

同上

同上

5番同上

174　170　166　162　158　154　150　146　142

真水
タンク

同上　同上

7番同上

最上甲板平面

機銃支柱

天窓

ウィンチ

熔接工場

天窓

揚弾薬筒

ウィンチ

昇降口

第四缶室
通風路

塗具
小出庫

天窓

機銃
支柱

通第六缶室
風室
路

煙

路

煙

路

消
毒
器
室

鍛
冶
工
場

通第二缶室
風室
路

天窓

同上

同上

186　182　178　174　170　166　162　158　154　150　146　138　134

第五同上

第一同上

ウィンチ

同上　同上　同上

第三同上

同上

ウィンチ

取弾薬入口

取弾薬入口

同上

鋳物工場

同上　同上

同上

99

093 後部艦橋

　後部艦橋は「榛名」と同じく旧司令塔は残されそれに構造物を付加する増築方式であり、後部マストも前部のそれと同じく僅かにテーパーが付いている。見張所は床面が拡大され「山城」と異なり余裕のある構造となっている。高角砲2基を装備したため背の高い特徴的な外貌となった。ストラットの開脚度が大きい故、最上甲板上で外壁から少し出ており、これも「山城」との相異点である。

　航空兵装を第三主砲上に置いた実用実験は不調に終わり、艦尾を延長してそこに装備となった。実験が成功していればおそらく艦尾延長工事は行なわれず（延長しても速力に変化は生じなかった）したがって少し優美さに欠けた船体となり、その高い前後艦橋とは相入れなかったと思われる。

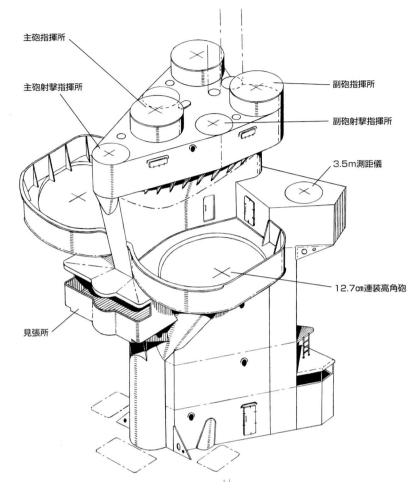

後部艦橋基本構造図

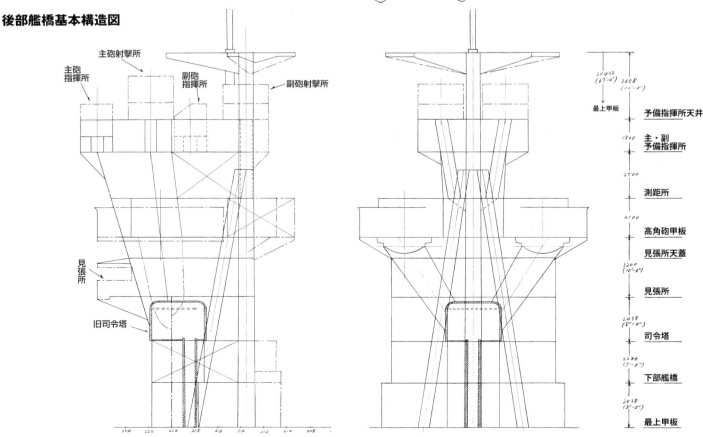

戦艦「扶桑」図面

正面　　　　　　　　　　**後面**

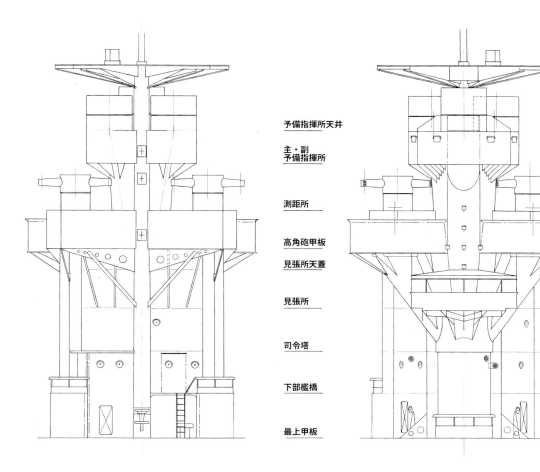

予備指揮所天井

主・副
予備指揮所

測距所

高角砲甲板
見張所天蓋

見張所

司令塔

下部艦橋

最上甲板

側面

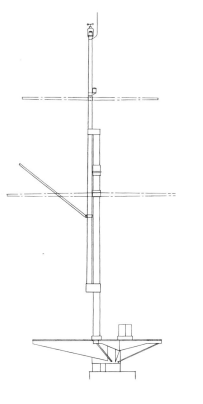
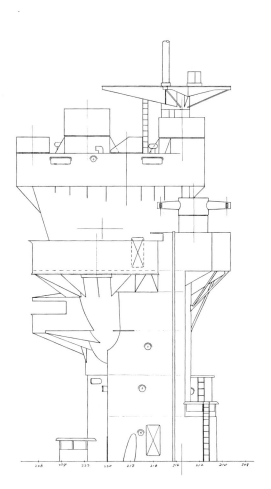

後檣トップ

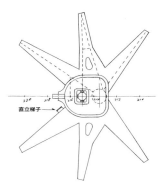

予備指揮所天井

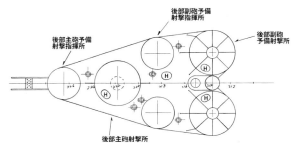

主・副予備指揮所

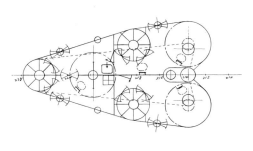

測距所

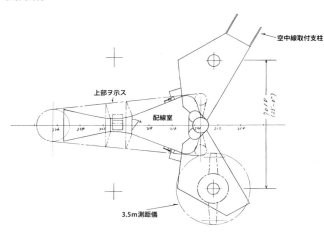

高角砲甲板

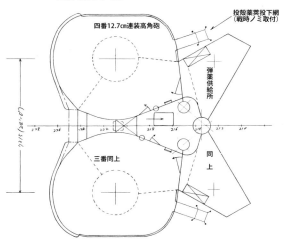

見張所上部

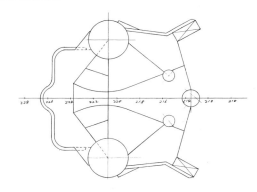

見張所

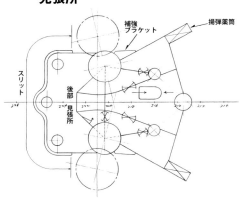

司令塔甲板

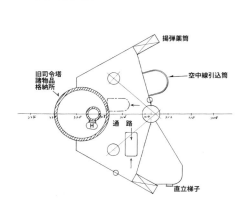

下部艦橋

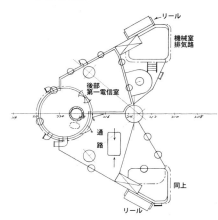

最上甲板

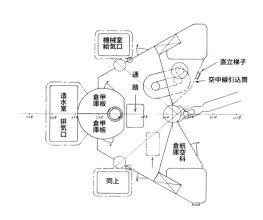

「金剛」型戦艦の主砲塔

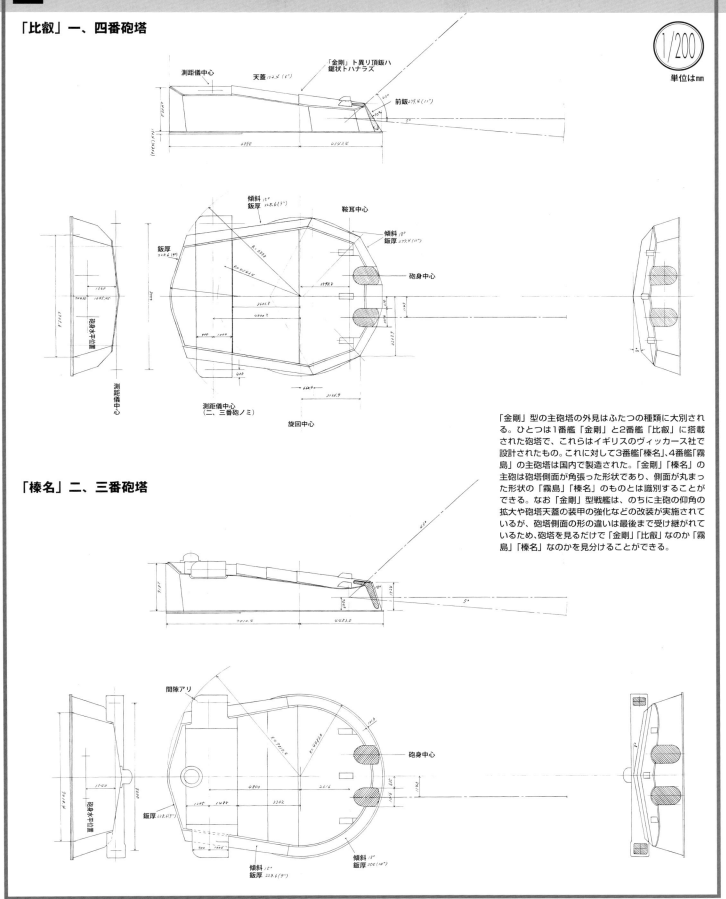

「金剛」型の主砲塔の外見はふたつの種類に大別される。ひとつは1番艦「金剛」と2番艦「比叡」に搭載された砲塔で、これらはイギリスのヴィッカース社で設計されたもの。これに対して3番艦「榛名」、4番艦「霧島」の主砲塔は国内で製造された。「金剛」「榛名」の主砲は砲塔側面が角張った形状であり、側面が丸まった形状の「霧島」「榛名」のものとは識別することができる。なお「金剛」型戦艦は、のちに主砲の仰角の拡大や砲塔天蓋の装甲の強化などの改装が実施されているが、砲塔側面の形の違いは最後まで受け継がれているため、砲塔を見るだけで「金剛」「比叡」なのか「霧島」「榛名」なのかを見分けることができる。

103

10. 戦艦「山城」図面

101 前部艦橋

「山城」の公式図面類も「扶桑」とほぼ同じ時期に公表された。内部構造は両艦共艦内側面図ではなく、諸要部切断図で示されている。「山城」については1941年（昭和16年）開戦直前のものも残されており作図は渉った。

「山城」は「扶桑」型の2番艦であるが、着工までに1年半近く空白の期間があり「扶桑」の使用実績が加味され大きな改良点が認められる。

マストのテーパーは廃止され、また司令塔の形状がほぼ円筒形になり床面積が拡大された。マストの立脚位置がやや後退、ストラットの開脚度も前後左右に少々大きくなり、第三砲塔は正位置を繋止位置とすることは不可能となった。したがって多くの文献の"「山城」は第三主砲を前向きにしなかったため艦橋下方に余裕が生じた"とする旨の解説は正確性を欠くと言える。マストは最上甲板から

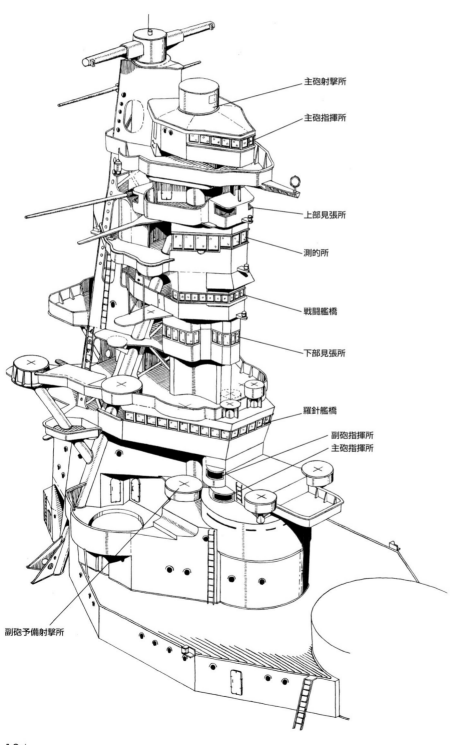

戦艦「山城」図面

30.5mあり、一三式方位盤を装備する際にこの上に更に1.6m強の円柱を足したため日本戦艦中もっとも高いものとなったが、最上甲板構造物（艦橋甲板）が第二砲塔基部と連結されているため側面像は「扶桑」と異なり安定感がある。「榛名」と改装時期が重なるためか測距儀支持構造の外観共通点が多い。高角砲指揮所甲板後方の4.5m測距儀台座支柱もテーパーは付いておらず、工作の簡易化が測られている。

幸いにも「山城」には戦時中練習艦として使用された時期が長かったため、その時代の影像が多く残されており作図の重要資料となった。

防空指揮所は戦艦群の中で最も早い時に装備されている。

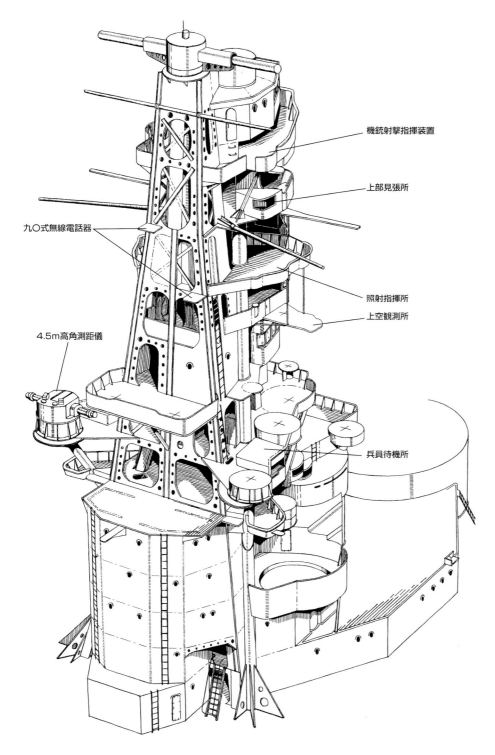

艦橋正面（1941年）　1/144

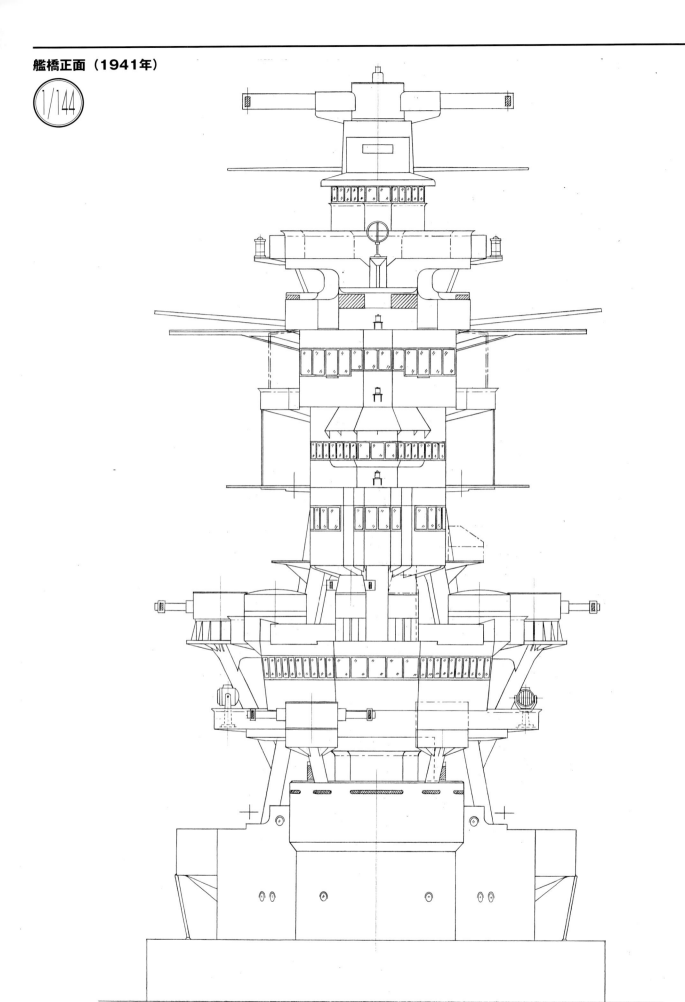

戦艦「山城」図面

艦橋後面（1941年）

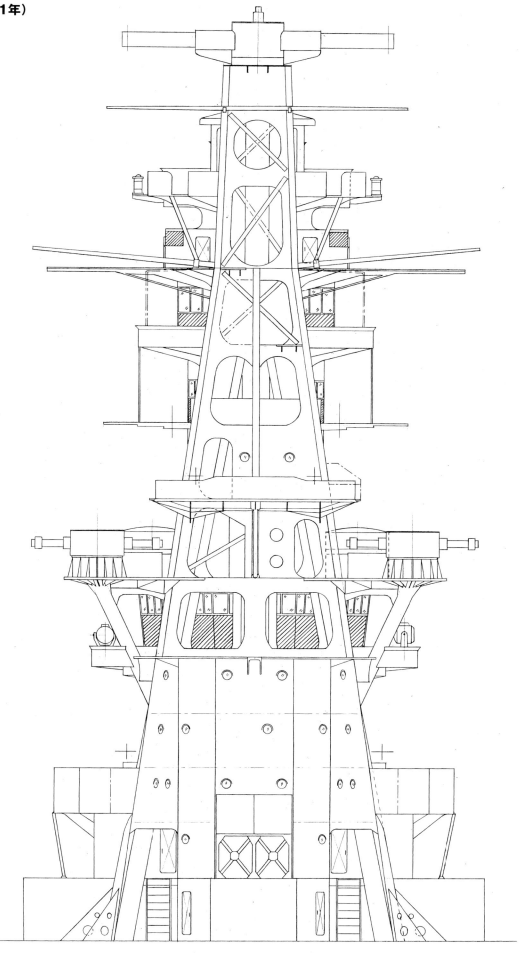

艦橋側面（1941年）
1/144

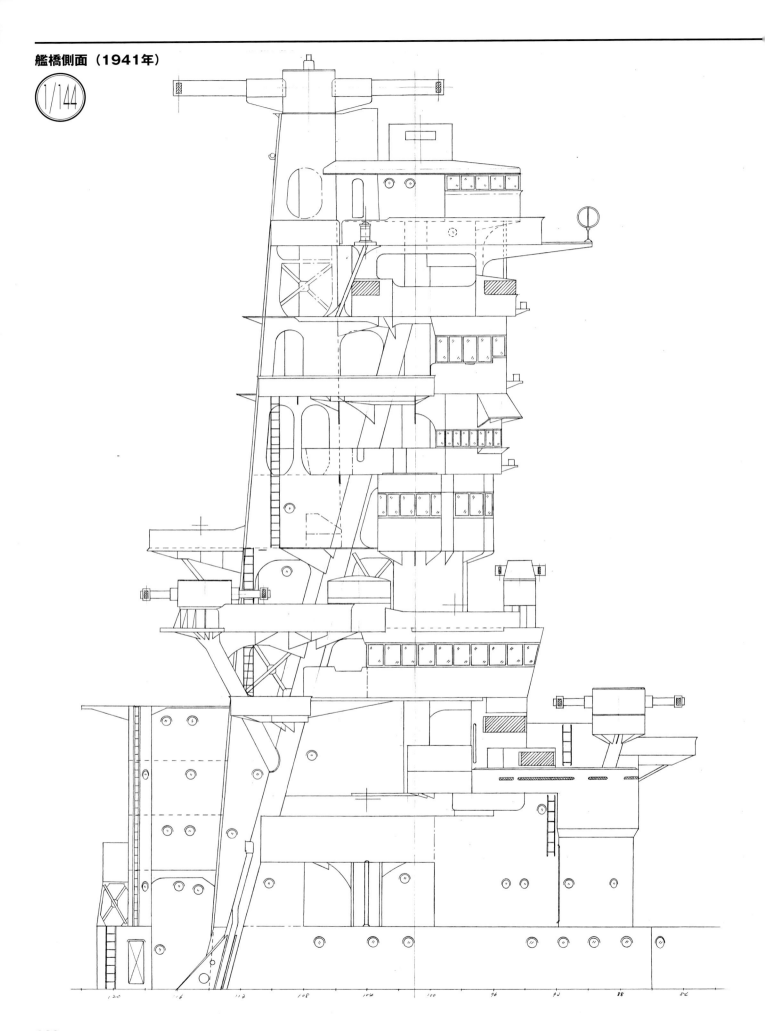

戦艦「山城」図面

艦橋寸法図側面

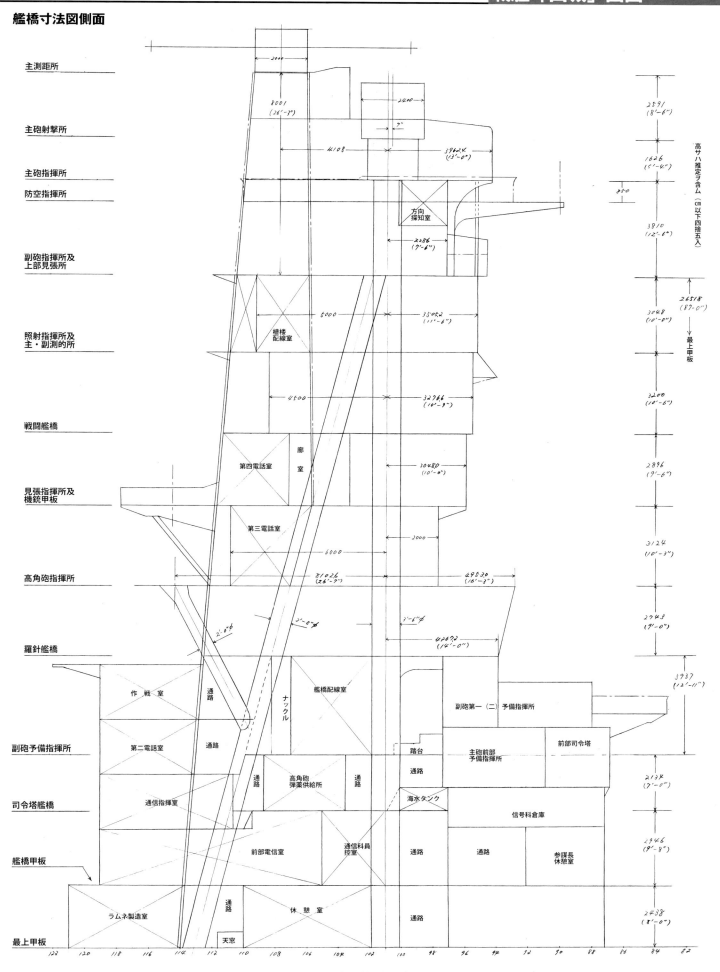

10m測距儀支持構造（1941年）

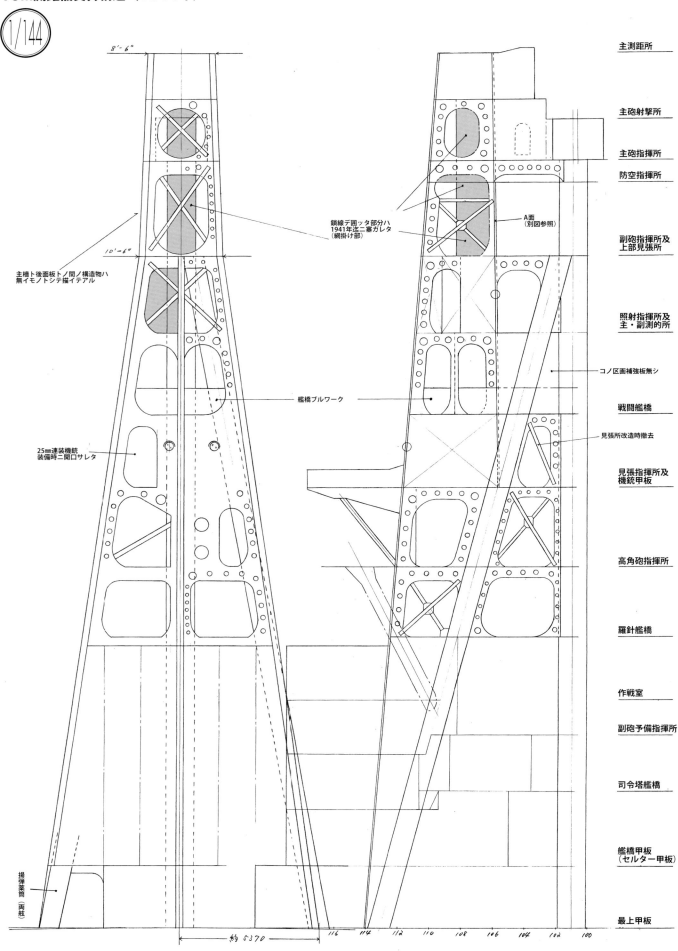

戦艦「山城」図面

10m測距儀支持構造中央断面

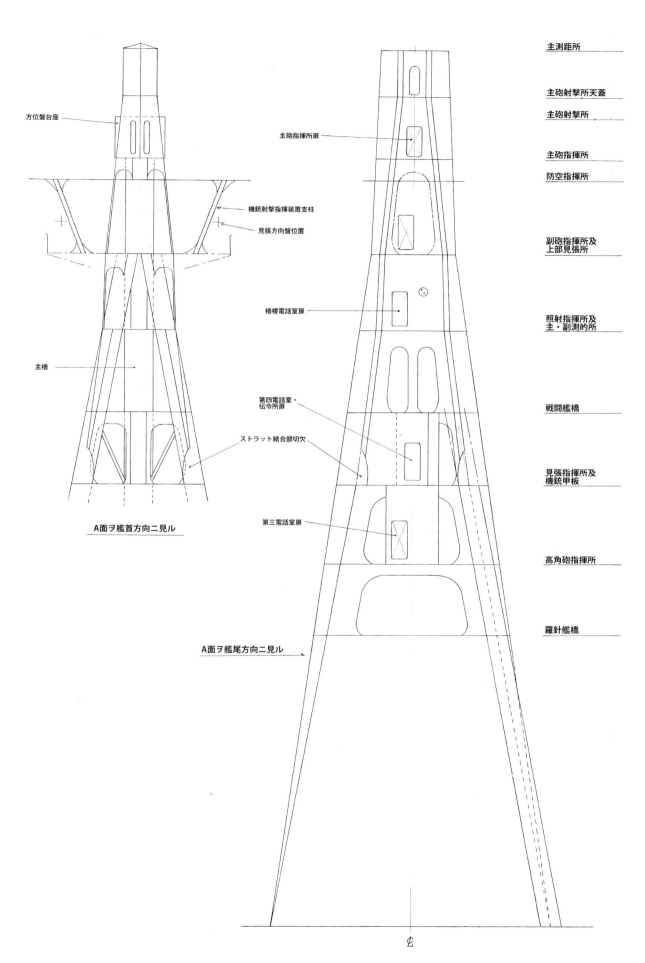

10m測距儀　　主砲射撃所　　主砲指揮所

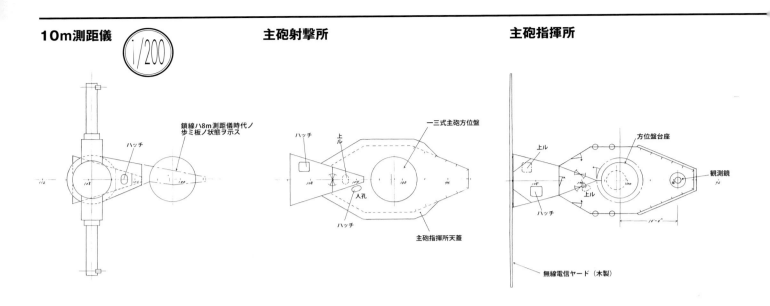

防空指揮所　　副砲指揮所天蓋　　副砲指揮所

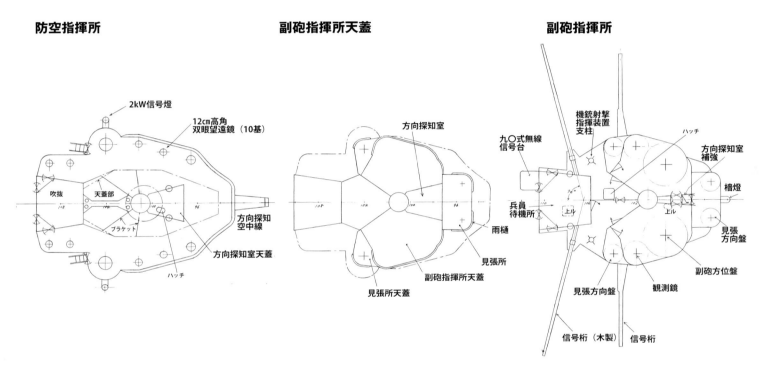

照射指揮所及主・副測的所

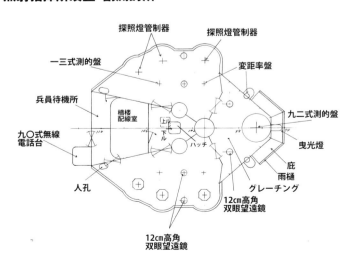

戦闘艦橋

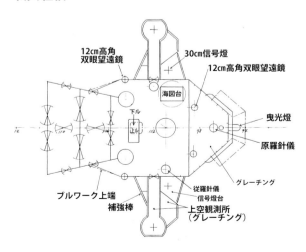

戦艦「山城」図面

1/200

下部見張所

第四電話室
廊室
伝令所
見張指揮所
見張方向盤
高角見張方向盤
（防空指揮所設置時撤去）
25mm連装機銃

高角砲指揮所

兵員待機所
人孔
第三電話室
上ル
下ル
1.5m測距儀
25mm連装機銃
高射装置
グレーチング
4.5m高角測距儀

羅針艦橋

旗掛
12cm高角双眼望遠鏡
海図台
下ル
上ル
海図台
原羅針儀
従羅針儀
基面ヨリ1'-2"低イ
（木板張リ）
下ル
従羅針儀
旧信号燈台
グレーチング
基面ヨリ20mm高イ
基面ヨリ2'-0"低イ
基面
60cm信号燈

上部艦橋

作戦室
上ル
下ル
士官及航海長休憩室
通路
艦橋配線室
踏台
下ル
上ル
副砲用4.5m測距儀

司令塔甲板

操舵室
主砲前部予備指揮所
12"(30.48cm)

F104断面艦尾ヲ見ル

供弾高給薬角所ノ砲
通風口
高角砲座
通信科員控室
F104
支柱

副砲予備指揮所

副砲方位盤
副砲観測鏡
主砲観測鏡
海図室
上ル
下ル
上ル
下ル
士官及航海長休憩室
踏台
第二電話室
艦橋配線室
艦長休憩室
副砲予備指揮所
司令塔中心
13mm機銃位置
（撤去）

司令塔艦橋

通信指揮室
垂直壁
下ル
上ル
暗号室
上ル
下ル
天窓
1,2番高角砲弾薬供給所
通風口
上ル
下ル
通路
海水タンク
高角砲弾薬供給所
ハッチ
信号科倉庫
正位置ハ上方ノ側壁部
木板張リ
同上

113

艦橋甲板（セルター甲板）

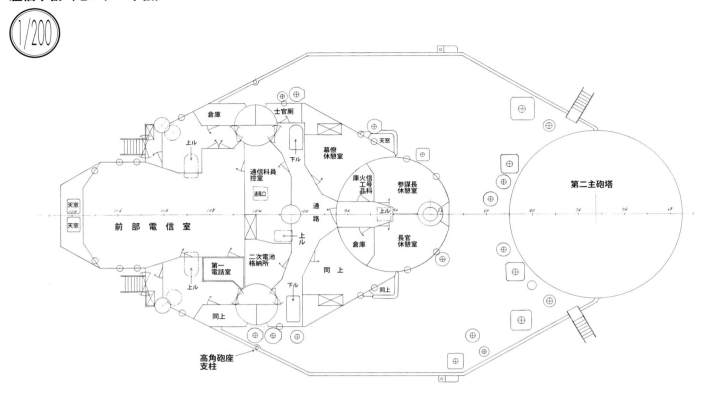

最上甲板

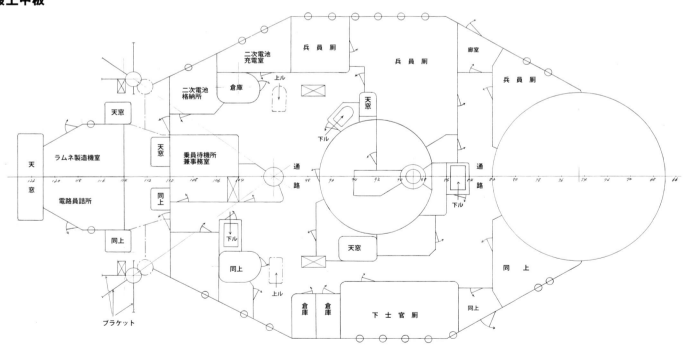

102 中央部煙突周り

　中央部は25mm機銃装備後1941年時の公式図、紀元2600年（1940年／昭和15年）時の右舷写真及び戦時の練習艦時代のものを参考に作図した。

　両写真を仔細に見比べるとその間で微細な差があることが窺える。

　公式図と写真とで異なる部位があったがこれは写真形態に従った。

　「山城」は第三砲塔が旧来のまま故、煙突前方の探照燈構造に「扶桑」とは大きな差がある。

中央部基本構造側面図

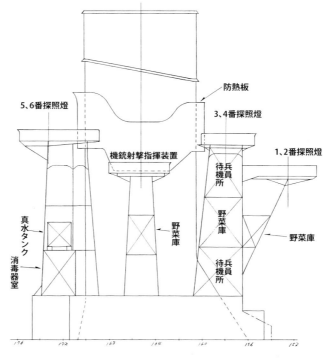

中央部基本構造正面図／後面図

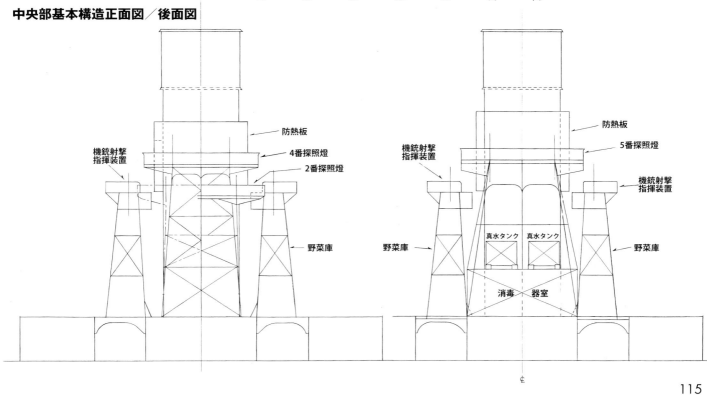

煙突部側面

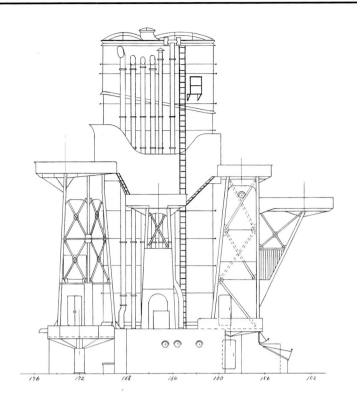

煙突部正面

煙突部後面

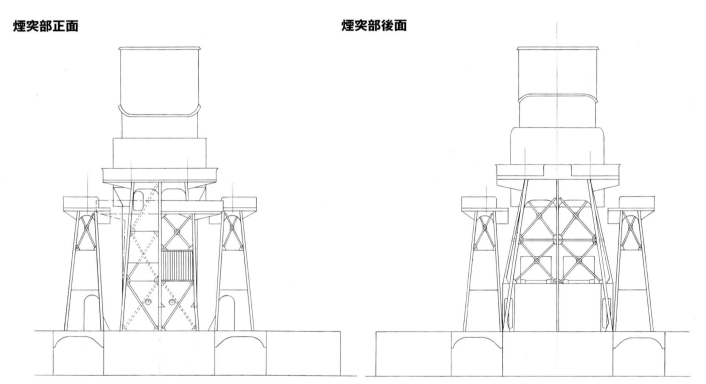

戦艦「山城」図面

探照燈台平面

煙突前面兵員待機所平面
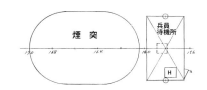

煙突前面・両側面野菜庫平面
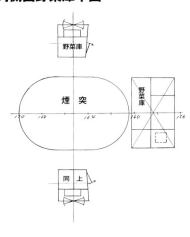

中央部艦橋平面（ケージング天井平面図）
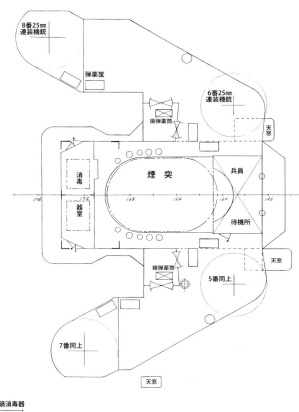

最上甲板平面
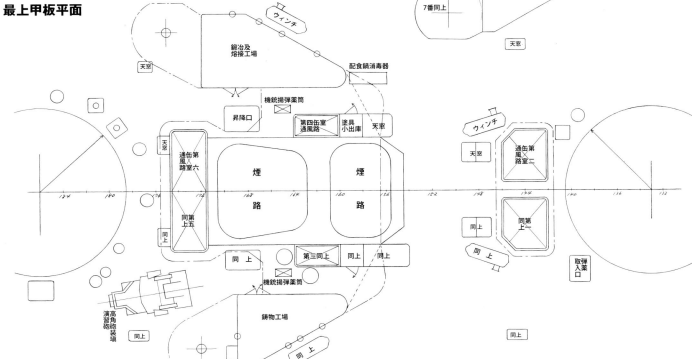

103 後部艦橋

　後部艦橋外貌は「扶桑」と非常によく似ている。全高は「扶桑」よりやや低く設計されており、外壁仕上げには「山城」に一日の長が認められる。

　旧司令塔はそのまま残されており、「扶桑」と同じく改造とされる。マストとストラットとの開脚度は前部のものとは反対に前後左右とも少し小さくなり、したがってストラットは最上甲板で「扶桑」のように外壁から出ておらず、すっきりしている。見張所は従来のものを少し改修しただけで、「扶桑」と比較しても狭小である。

　「山城」は大正から昭和にかけての時代に当時の国民がもっとも多く見学に訪れた艦であり、記念写真も多く残されている。

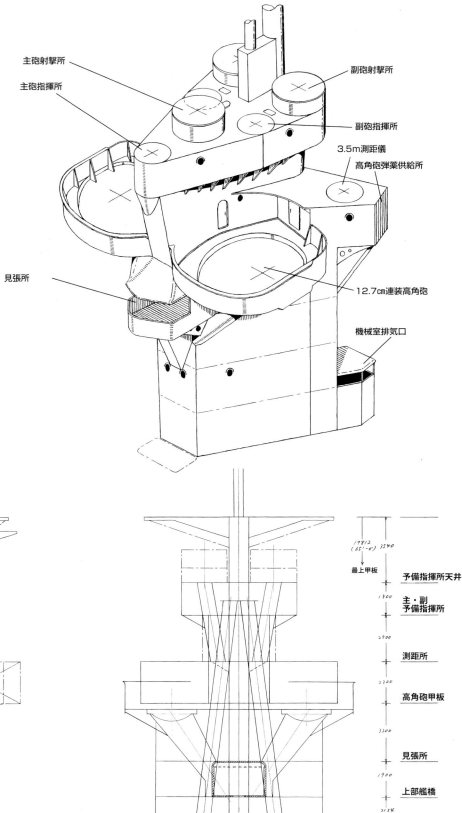

後部艦橋基本構造図

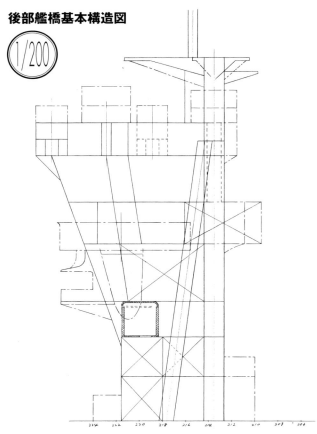

118

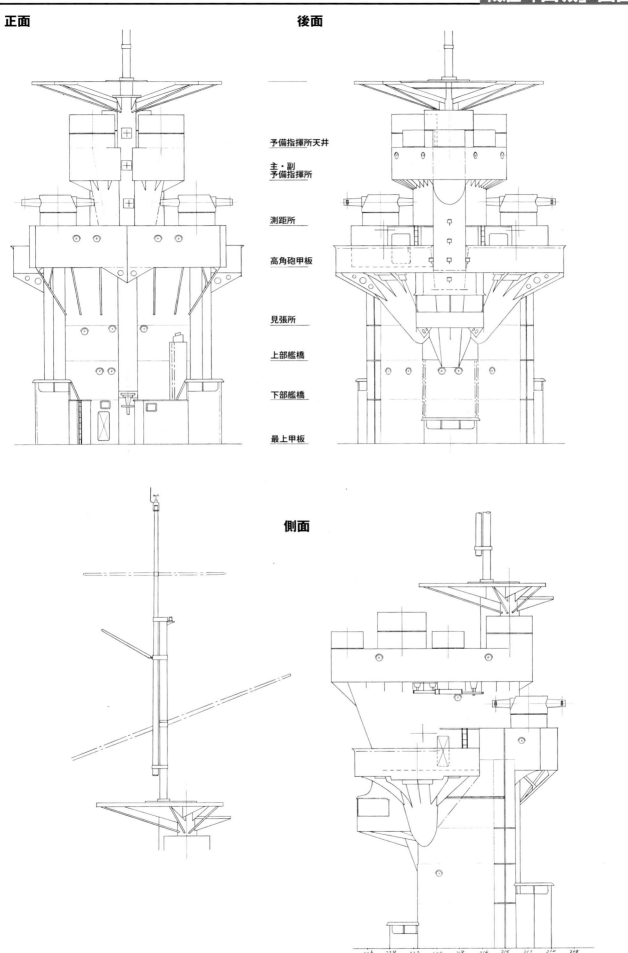

後檣トップ

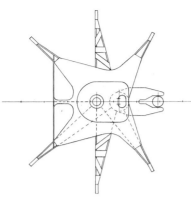

予備指揮所天井

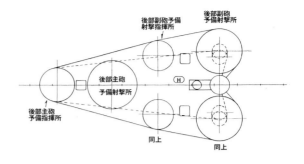

主・副予備指揮所

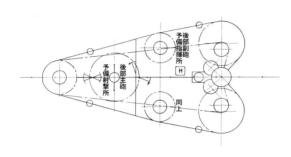

測距所

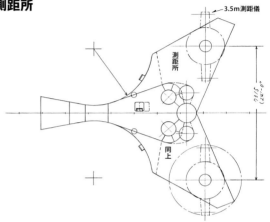

高角砲甲板

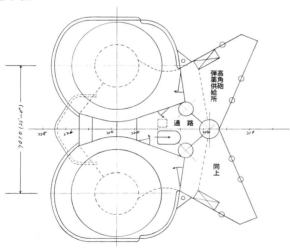

見張所

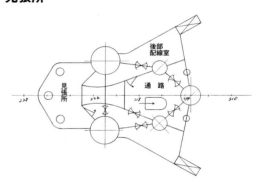

上部艦橋　　　下部艦橋　　　最上甲板

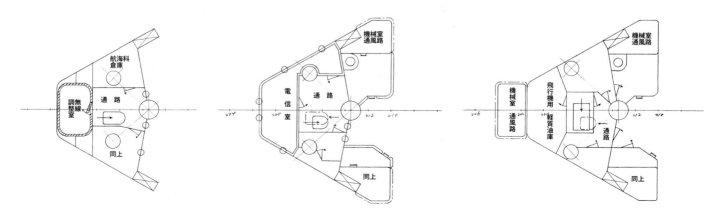

「山城」の艦橋の最終状態についての考察

結論として、「山城」の前後部艦橋の推移は
1) 21号電探は装備されたが戦局により戦艦の出番は少ないとの理由で数ヶ月後撤去、他艦に流用された。
2) その後、前檣頂付近に電波探知機（E-27）が装備された。
3) 捷号作戦参加に際して前部艦橋に22号、後部艦橋に13号がそれぞれ装備され、同時に前檣頂の主砲方位盤は一三式から九四式に換装された。

以上図を参照してください。

スル海航行中の米軍撮影の航空写真を見ると明らかに21号電探の影は認められません。しかし、それが装備された理由として来歴に「18年8月6日艦本機密第1号1053ニヨリ本図製作ス」横須賀海軍工廠造兵部、昭和18年（1943年）10月5日製図となる21号電探装備の公式図が存在するからです。「山城」は練習艦として長く使用されており、それより出撃の多い他の艦船への移設は戦局を考慮すれば充分に頷けます。また「扶桑」と共に捷号作戦参加の際、機銃増設等の装備改造工事のため20日以上入渠しています。一方、同様な工事内容でも「扶桑」は6日間程度です。入渠日数にこれ程差が生ずるのは「山城」に「扶桑」には行なわれなかった工事が施されたと考えられ、それが方位盤の換装と思われます（「扶桑」は戦前に換装済）。

因みに昭和18年（1943年）春に方位盤を換装した「榛名」も20日以上、呉工廠に入渠しています。

「山城」は同時に後部副砲方位盤も九四式に換装、そこに電探室を設置する余裕が出来たため13号電探を後檣部に図の如く装備しました。

「扶桑」は方位盤は旧来のまま故、電探室を後部艦橋上に置く余裕がなく、煙突部周辺への装備となったと思われます。

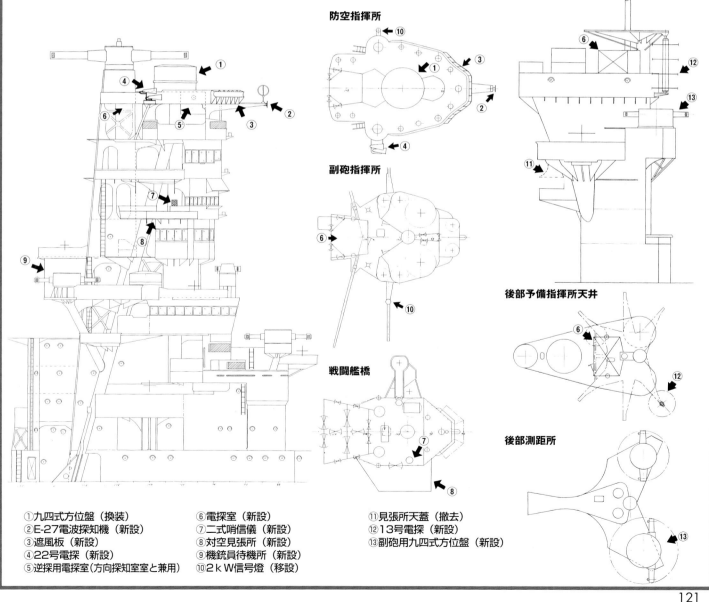

①九四式方位盤（換装）
②E-27電波探知機（新設）
③遮風板（新設）
④22号電探（新設）
⑤逆探用電探室（方向探知室と兼用）
⑥電探室（新設）
⑦二式哨信儀（新設）
⑧対空見張所（新設）
⑨機銃員待機所（新設）
⑩2kW信号燈（移設）
⑪見張所天蓋（撤去）
⑫13号電探（新設）
⑬副砲用九四式方位盤（新設）

11. 戦艦「日向」図面

111 前部艦橋

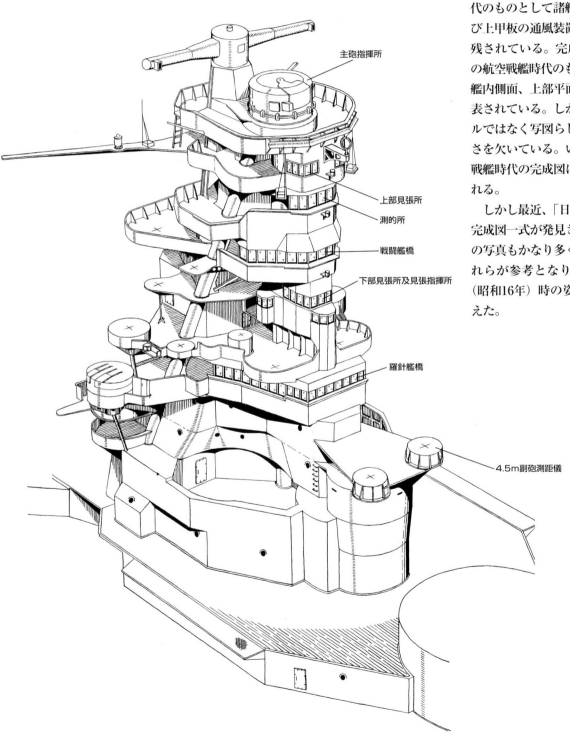

主砲指揮所
上部見張所
測的所
戦闘艦橋
下部見張所及見張指揮所
羅針艦橋
4.5m副砲測距儀

「伊勢」型は「伊勢」「日向」の類似性が高く、資料の関係から「日向」を作図した。

「日向」の公式図面類（1/96）は戦艦時代のものとして諸艦橋甲板、最上甲板及び上甲板の通風装置図、防御配置図等が残されている。完成図としては「伊勢」の航空戦艦時代のものがあり、舷外側面、艦内側面、上部平面等の各図が知られ公表されている。しかしこれらはオリジナルではなく写図らしく、省略が多く詳細さを欠いている。いずれにしても両艦の戦艦時代の完成図は残っていないと思われる。

しかし最近、「日向」の航空戦艦時代の完成図一式が発見され、また大破着底時の写真もかなり多く発表されており、これらが参考となりかなり正確に1941年（昭和16年）時の姿を再現、作図が行なえた。

戦艦「日向」図面

「日向」のマストは原設計で「山城」のマストより50cmほど高く、その頂上に方位盤を置いたが（「山城」は更に円柱を継ぎ足して方位盤を設置したため高さでは随一）、近代化改装時、それを換装する際、ストラットとの接合部（主砲射撃指揮所甲板）より上部を切断し、その位置に射撃所と射撃指揮所が一体となった九四式方位盤を置いた。これで射撃所は2.5m程低くなったが、射撃指揮所の高さは旧来と同じ故、兵器作動機能に変化はない。

「伊勢」型の近代化改装はそれまでの戦艦改装の実用実績を踏まえ且つその完成が軍縮条約明け後となるのを考慮し、かなり大規模に実施された。前部艦橋については橋頂の10m測距儀支持方式が従来のアングル材で構成されたものから支柱（図面では支筒と表示）方式となり、これは「比叡」にも採用された。これにより艦橋背面は整然となり近代戦艦の外貌を呈した。各艦橋甲板も「金剛」型より2段増し（「榛名」と比較し防空指揮所甲板までの高さは「榛名」が約25.4mに対し「日向」は同27.9m）、したがって戦闘艦橋後部に電話室はなく後方視界は充分に確保されている。基部の部屋区画配置も「扶桑」「山城」と比較しても余裕のあるレイアウトであることが頷ける。

司令塔も「比叡」と同様に新製となり小型化され、前方が操舵室、後方は主砲予備指揮所となっている。「伊勢」型のもう一つの特徴は艦載艇搭載位置が前部艦橋と煙突の間である故、揚艇桿が支筒に取付けられている点で、改装前の2本（ストラットに付けられていた）よりすっきりとはしたが、デザイン的に見れば、これは無くもがなと言ったところか。

防空指揮所は1940年（昭和15年）度中に装備され、これにより外貌印象はかなり変化した。

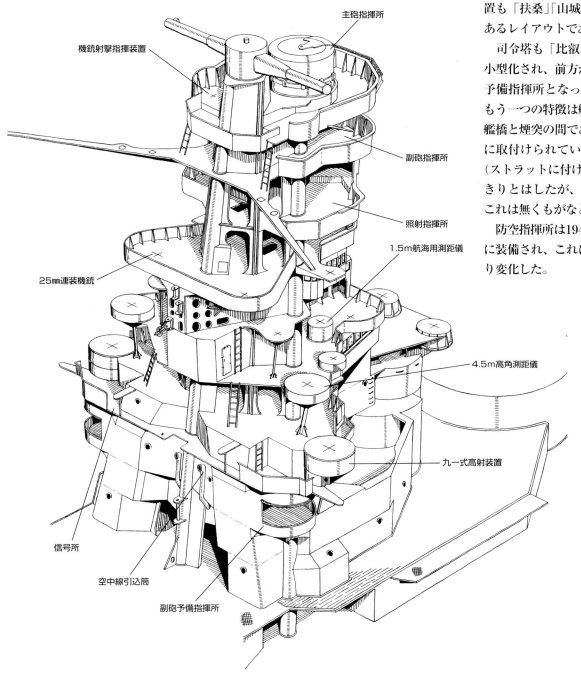

123

艦橋正面（1941年）

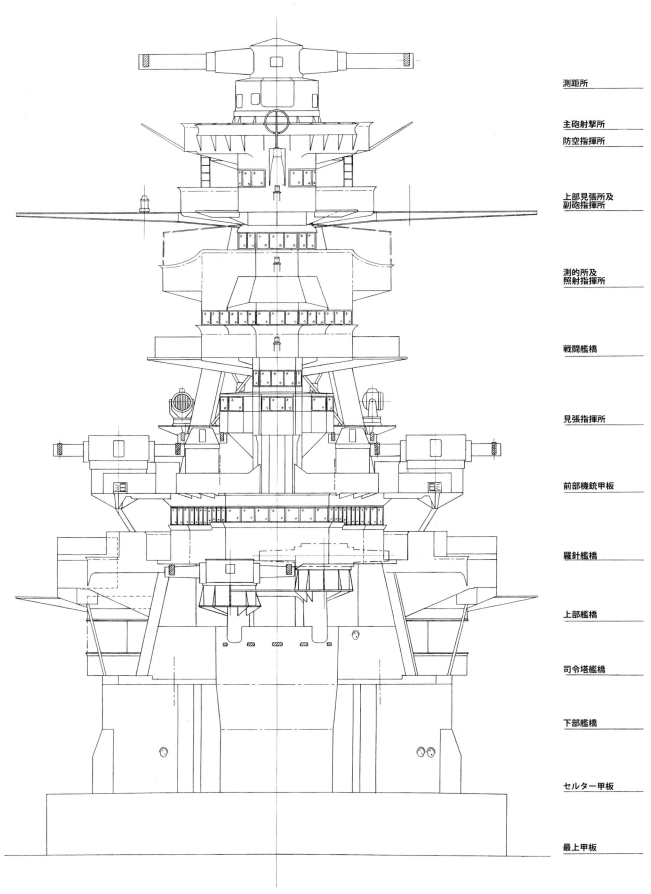

測距所

主砲射撃所
防空指揮所

上部見張所及
副砲指揮所

測的所及
照射指揮所

戦闘艦橋

見張指揮所

前部機銃甲板

羅針艦橋

上部艦橋

司令塔艦橋

下部艦橋

セルター甲板

最上甲板

艦橋後面（1941年）

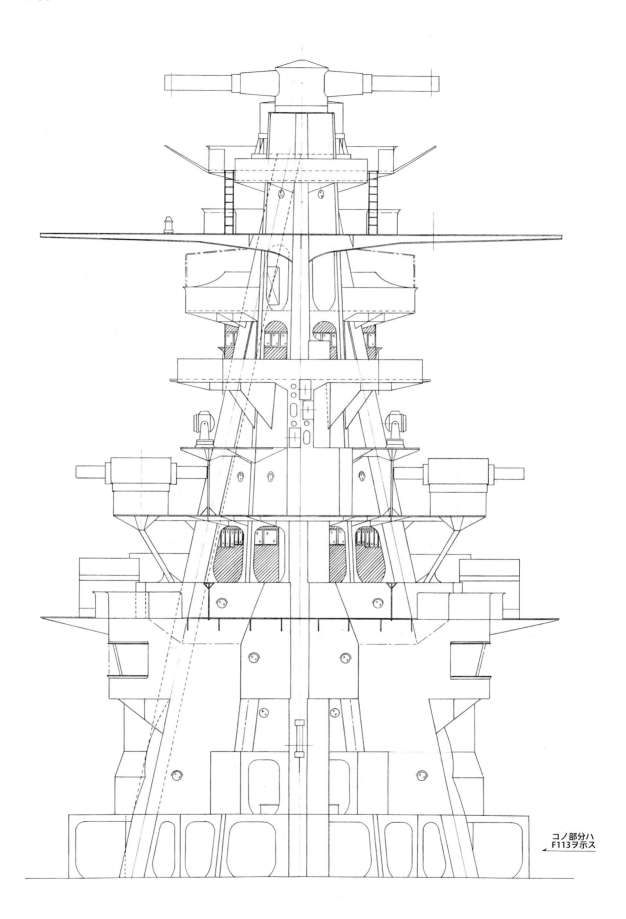

戦艦「日向」図面

コノ部分ハ
F113ヲ示ス

125

艦橋側面（1941年）

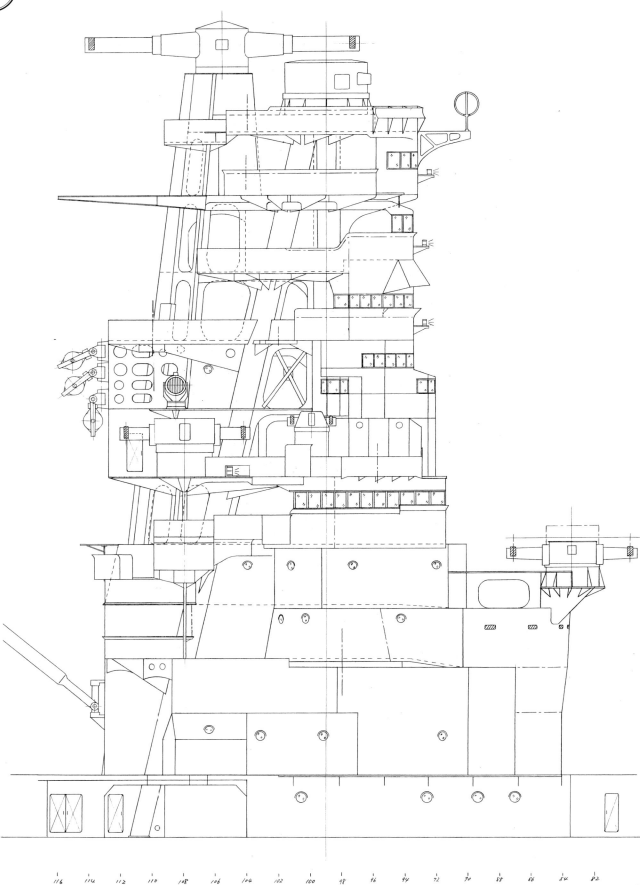

戦艦「日向」図面

艦橋基本構造図 側面（1941年）

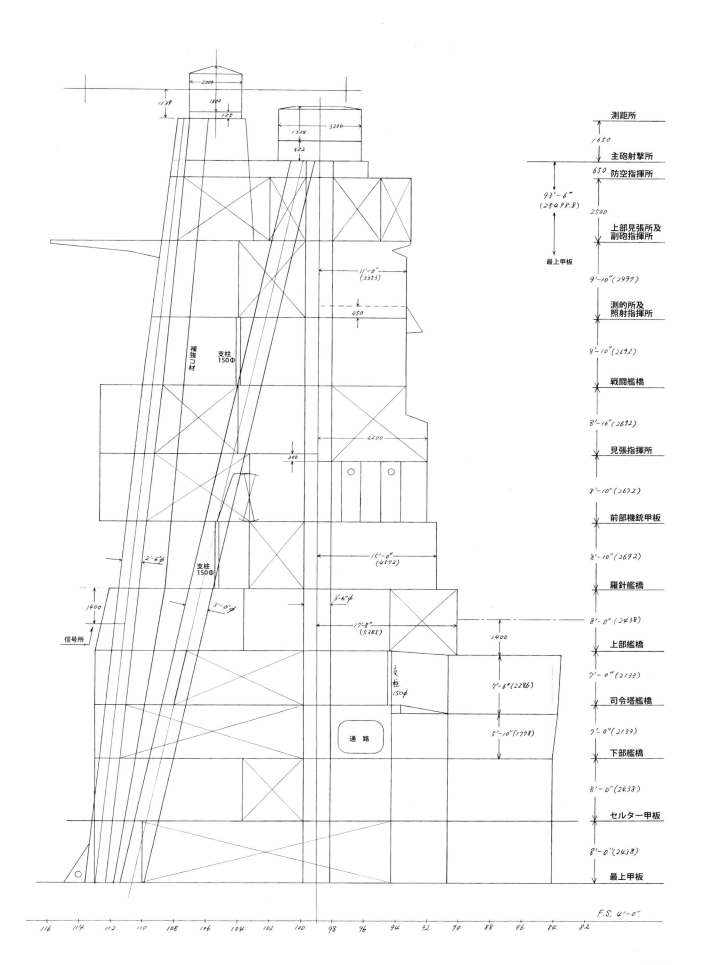

艦橋構造図後面（1941年）

1/144

下甲板二於ケル支柱位置

F113

F114
測距儀支筒

ストラット

28'-0"(8534.4)

30'-0"(9144)

25'-9"(7772.4)

1'-6"
0'-0"

450

300

二等分　二等分

F99

コ形補強柱中心

8'-0"
ストラット

2'-6"
測距儀支筒

ストラット中心

二等分　二等分

3'-6"
マスト

25'-6"
(7772.4)

測距所

1650

主砲射撃所

650　防空指揮所

2500

93'-6"
(28498.8)

9'-10"(2997)

最上甲板

上部見張所及
副砲指揮所

測的所及
照射指揮所

8'-10"(2692)

戦闘艦橋

8'-10"(2692)

見張指揮所

8'-10"(2692)

前部機銃甲板

8'-10"(2692)

羅針艦橋

8'-0"(2438)

上部艦橋

7'-0"(2133)

司令塔艦橋

7'-0"(2133)

下部艦橋

8'-0"(2438)

セルター甲板

8'-0"(2438)

最上甲板

20'-6"
(6248.4)

各甲板間高サハ推定ヲ含ム
主砲射撃所、最上甲板間、
合計値=3.8mmノ差アリ、

下甲板

戦艦「日向」図面

測距所及主砲指揮所

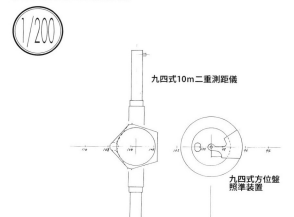

防空指揮所

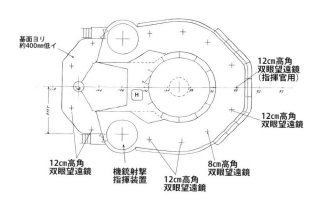

上部見張所及副砲指揮所

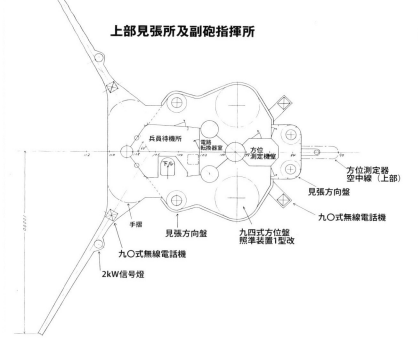

主・副測的所及照射指揮所

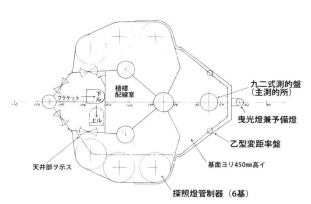

戦闘艦橋

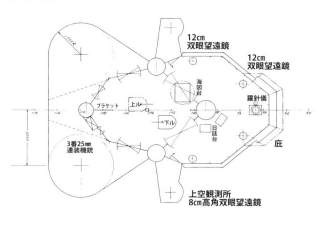

見張指揮所

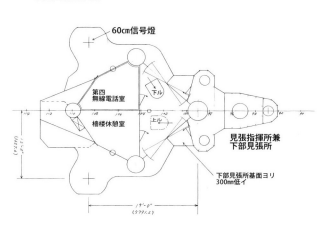

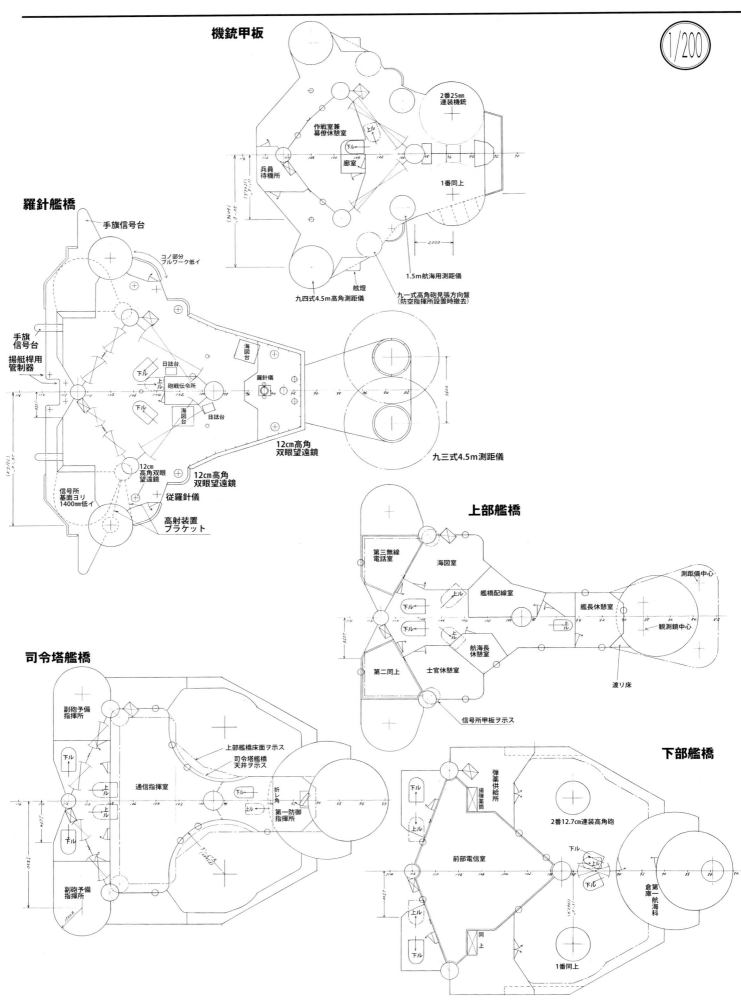

戦艦「日向」図面

艦橋甲板（セルター甲板）

最上甲板

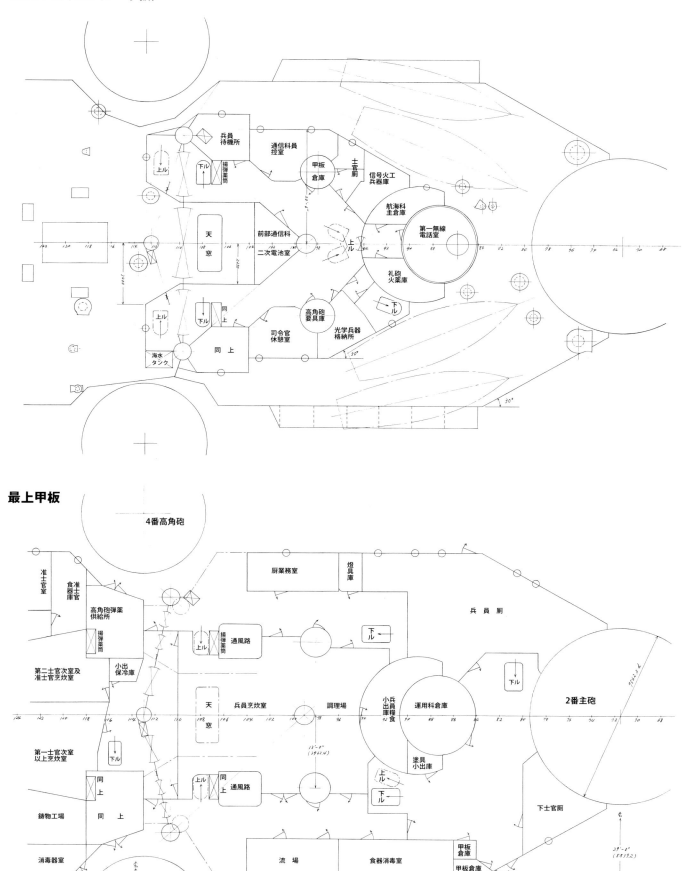

112 中央部煙突周り

　この部位は公式図からほぼ正確に作図出来る。煙突回りは近代化改装前と比較し、それ程大きな変化はない。他艦と同じく煙突周りに6基の探照燈が装備され、前部2基が指導燈となる。「日向」は改装当初は40mm機銃を装備していたが、1940年（昭和15年）に25mmに換装され、同時に煙突後方に新しく台座を設け射撃指揮装置が設置された。煙突周りの台座構造は他艦と異なりかなり複雑化しており、これは改装前の構造を一部改造する際、付加構造物を其れに類似した設計としたからと思われる。したがって作図も表側はほぼ正確に把握出来たが、防熱板と接する部位内側の構造は不明のままである。

中央部基本構造図

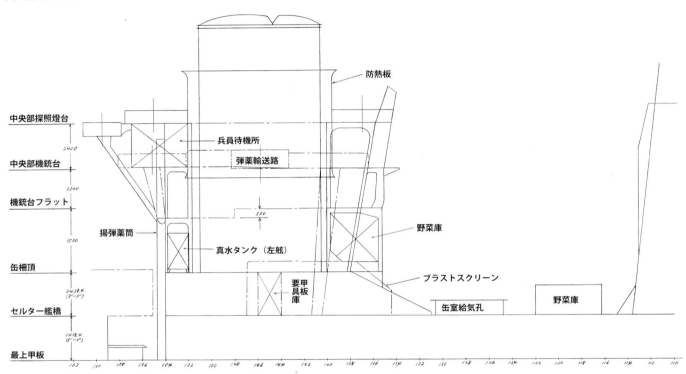

煙突部側面

右舷側面　　**左舷側面**

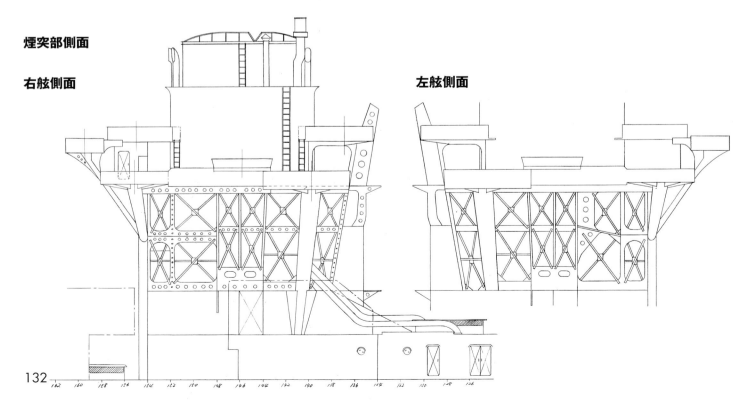

戦艦「日向」図面

煙突部正面

1/200

煙突部後面

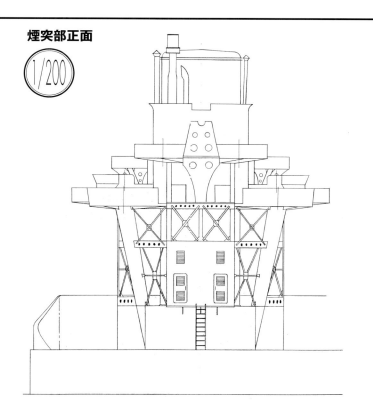
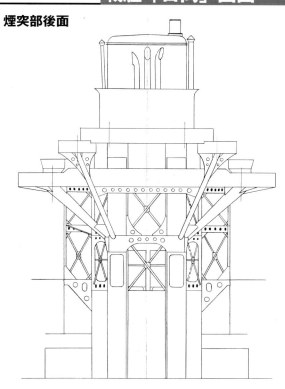

探照燈甲板平面

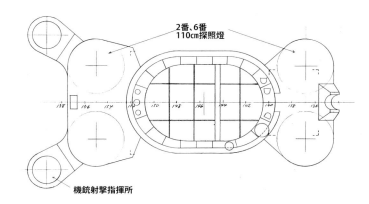

機銃甲板平面

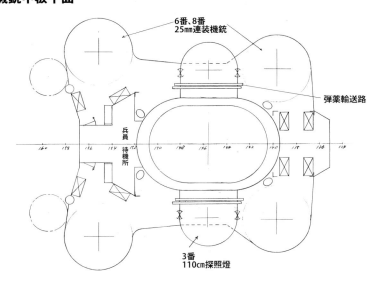

歩ミ板甲板平面

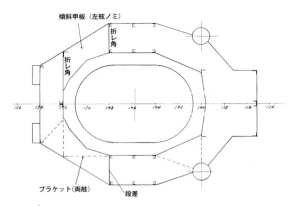

中央部艦橋甲板平面

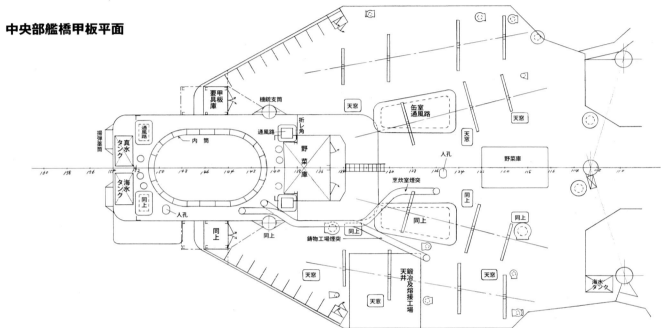

中央部最上甲板平面

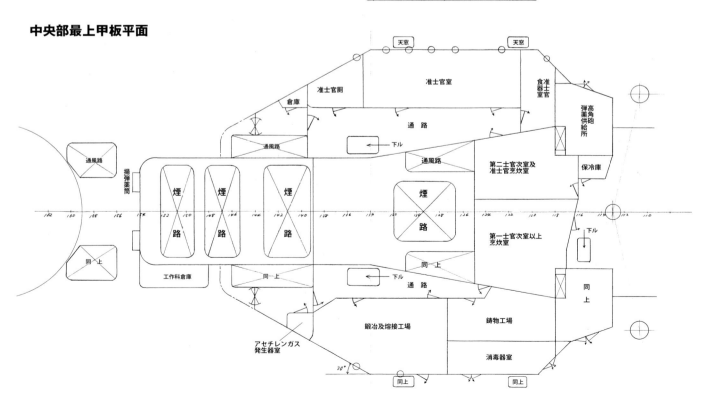

113 後部艦橋

後部艦橋は戦艦時代、航空戦艦時代の側面図が残っており、比較的正確な形状が再現出来る。「榛名」と同じく旧来の構造物の建て増し方式をとっている。ストラットは探照燈甲板より上部がカットされ外見上1本マストの外貌を呈し、後部見張所はブルワーク、天蓋が付けられ密閉型となった。

従来より発表されている多くの艦型図には探照燈台の跡に25mm機銃装備となっているが、「伊勢」型は25mm機銃搭載数は8基である。これは主砲発射時の風圧影響をあまり受けない適当な場所が少なく、止むを得ず8基としたからと思われる。

旧探照燈台周りにはブルワークは装備されておらず、1941年（昭和16年）時、戦艦に装備された25mm機銃座でブルワークの無いものはない。又この位置に機銃らしきものが認められる写真も存在していない事からもここに機銃が搭載されなかったことは明らかである。

「伊勢」型は三脚マスト戦艦ではもっとも近代的で均整のとれた外貌を呈している。

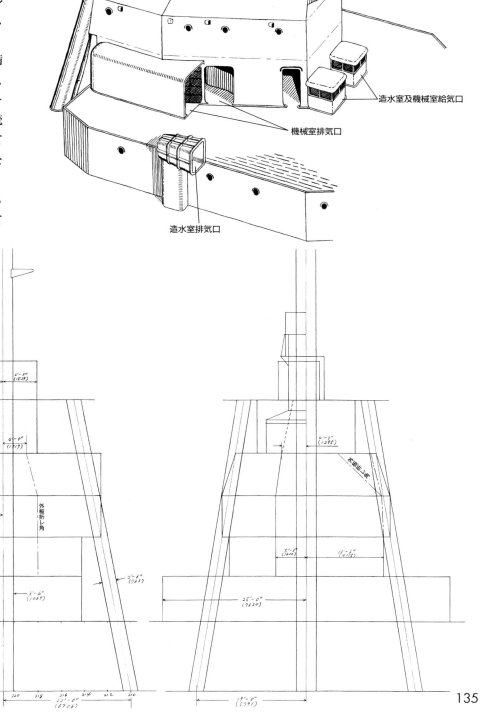

後部艦橋基本構造図

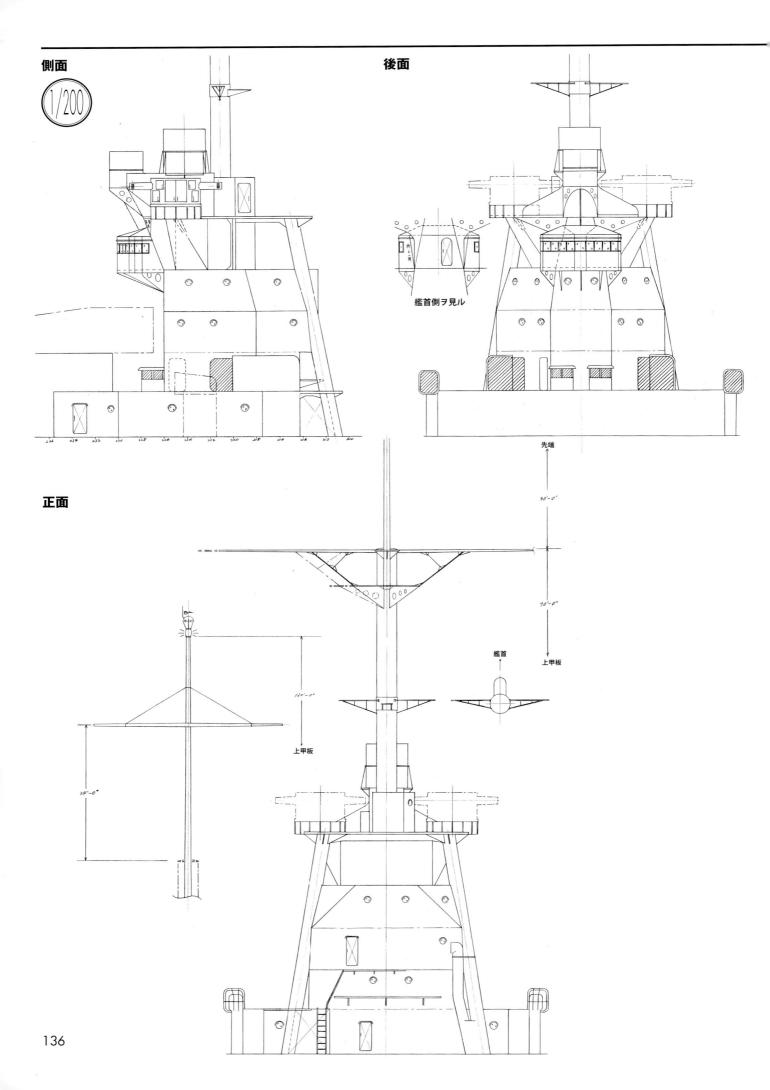

戦艦「日向」図面

後檣トップ

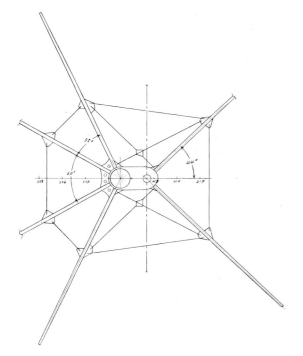

主砲予備指揮所天井

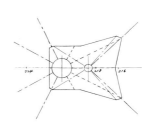

主砲予備指揮所

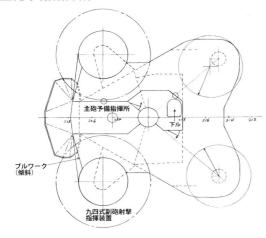

見張所・副砲予備指揮所

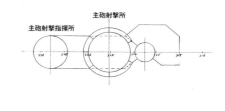

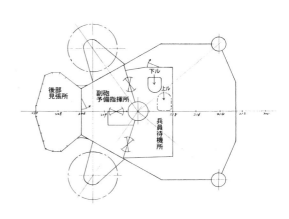

上部艦橋

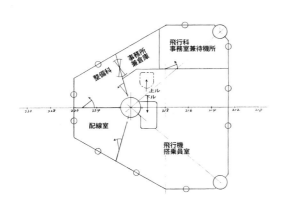

下部艦橋

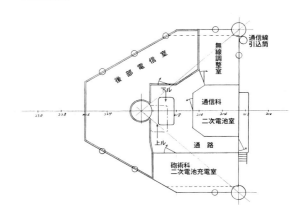

セルター甲板

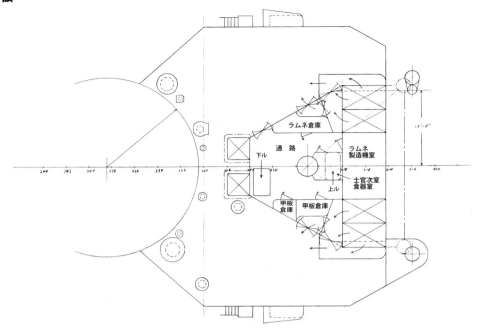

上部甲板

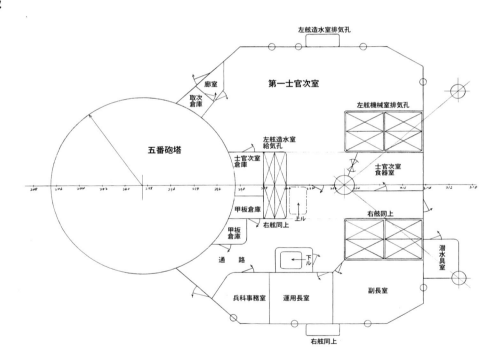

戦艦「日向」図面

◀1917年秋、三菱長崎造船所にて主砲搭載中の戦艦「日向」。搭載しているのは4番砲塔の35.6㎝砲砲身。煙突の周囲のジャッキステーや艦橋の三脚構造の裏側のディテールなどがよくわかる。
(写真提供／大和ミュージアム)

▲1931年12月、三菱長崎造船所の「日向」。上で紹介した写真より工事は進み、ほぼ完成状態となっている。このあとの公試中の写真を見ると舷側に防雷網展張装置が確認されるが、この写真ではまだ未搭載のようだ。他の戦艦でも問題となったが第一煙突の排煙が艦橋に逆流するため、のちに煙突頂部にフードを設置した。
(写真提供／大和ミュージアム)

12. 戦艦「陸奥」図面

121 前部艦橋

「長門」型も「伊勢」型と同様に両艦の類似性は高く、資料の関係及び外観の仕上がり状態から「陸奥」を作図した。

「長門」型の艦橋はそれまでの三脚マスト戦艦と異なり、計画途中から設計変更され強固な七脚マストとして建造された。6本のストラットは主柱の周りをほぼ6分角に配置され、左右両舷の2本は他の4本よりやや太く、正面図を見ると極めて頑丈強固な印象を受ける。「陸奥」の公式図面類（1/96）は一式が残っており公表されている。しかし図面完成年度の異なるものが混在し、また図面改正欄の内容と図の内容表示に差があり描き漏れが随所に認められる。

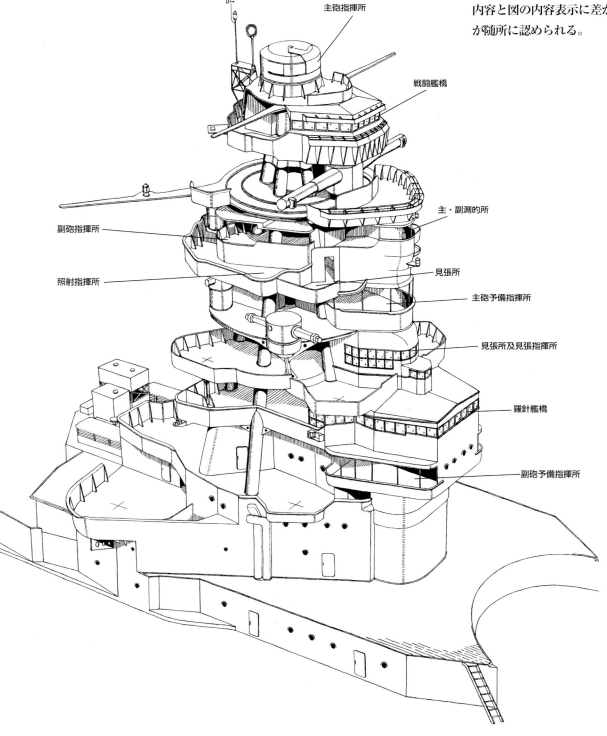

戦艦「陸奥」図面

作図に際してはそれらを加味して行なった。「陸奥」の公式図にも他艦のものと同様にミスが見られるが、それらを指摘すると、まず舷外側面図の見張指揮所の窓が前方に向かって低くなっているが、水平（艦内側面図は水平）が正しい。そして平面図では司令塔艦橋図と下部艦橋図の輪郭線が合わない。更に5、6番機銃座支柱が描き入れられてない等が挙げられる。

幸いにも「長門」型の1941年(昭和16年)時の写真は比較的多く残っており、また「長門」は終戦時まで無事であったため、戦後の写真が多く発表され作図に大いに参考となる。

残存公式図は改装完成後に調製されたもので、信憑性はかなり高いが、開戦までに多くの改正があり前記の如く前部艦橋に限らず細部でかなりのリサーチを要する。

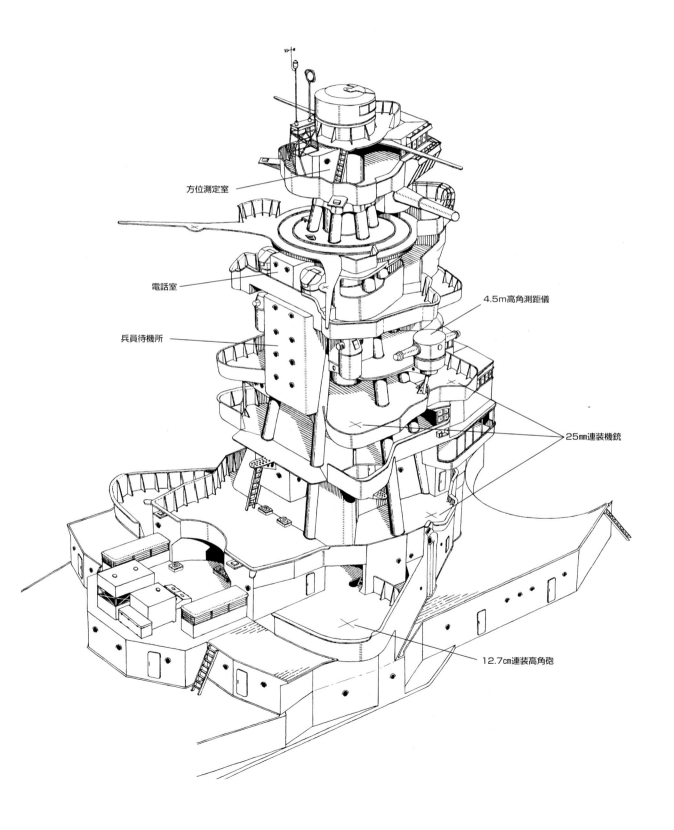

方位測定室
電話室
兵員待機所
4.5m高角測距儀
25mm連装機銃
12.7cm連装高角砲

141

艦橋正面（1941年）

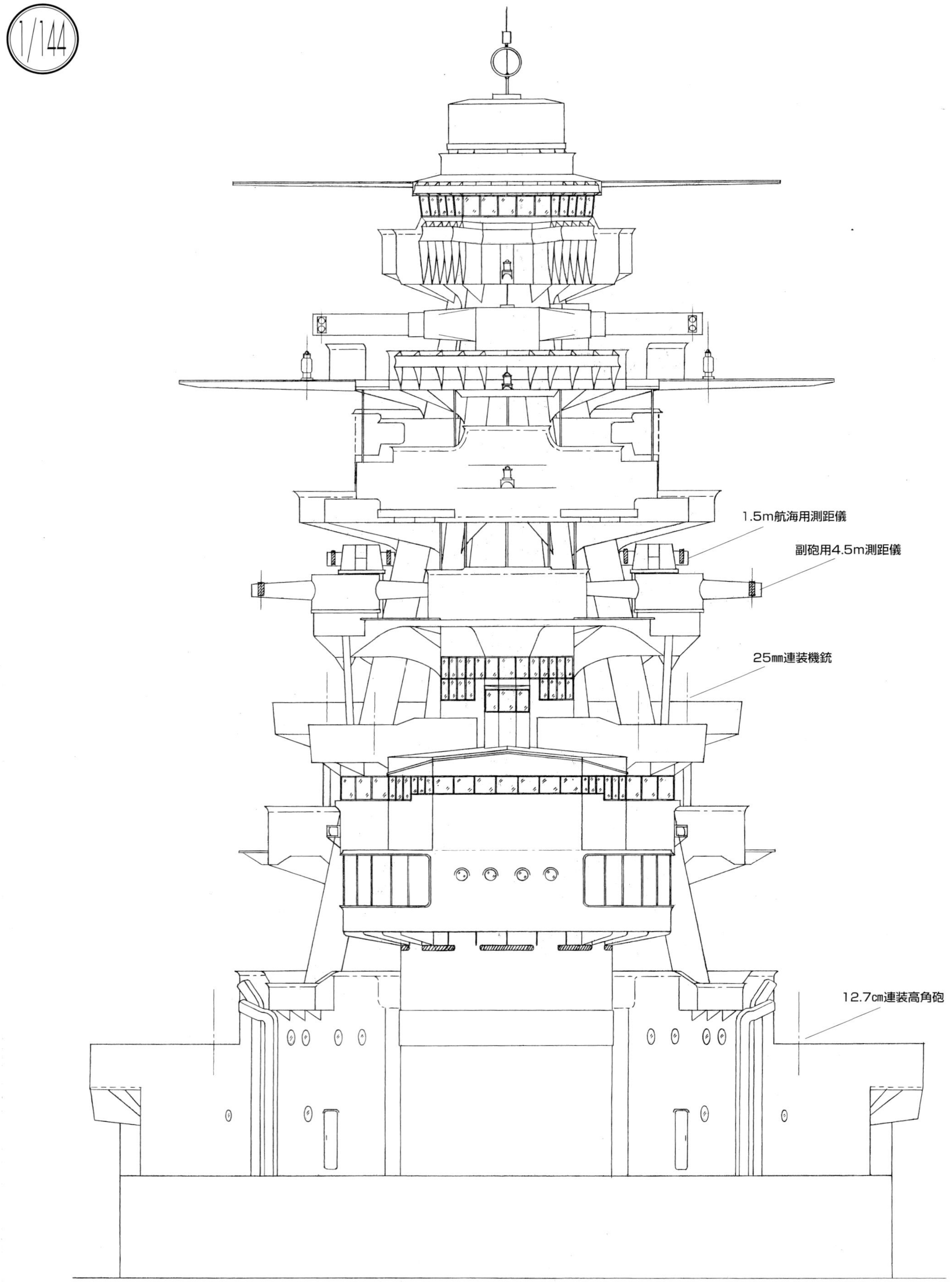

1/144

1.5m航海用測距儀

副砲用4.5m測距儀

25㎜連装機銃

12.7㎝連装高角砲

戦艦「陸奥」図面

艦橋後面（1941年）

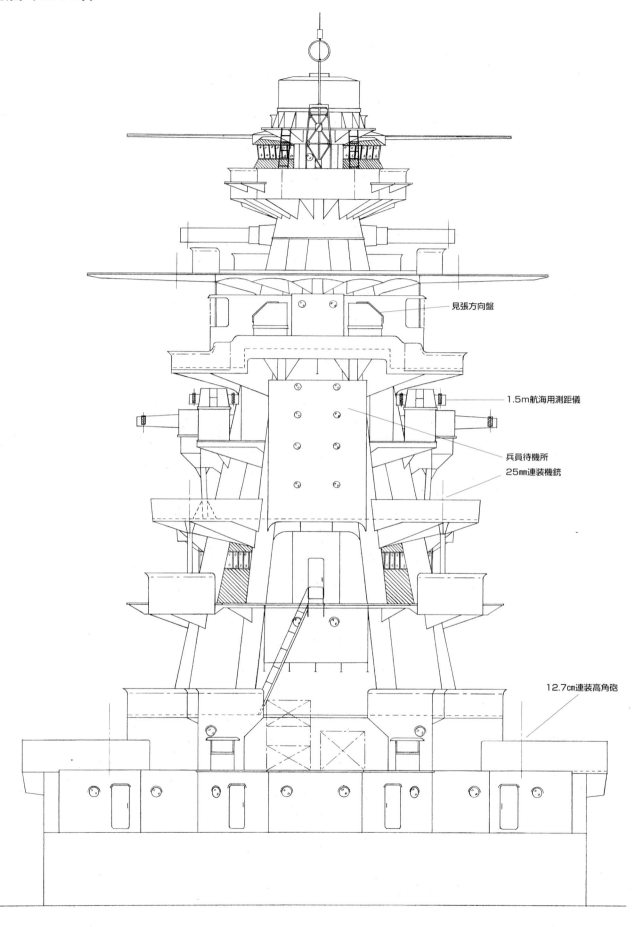

- 見張方向盤
- 1.5m航海用測距儀
- 兵員待機所
- 25mm連装機銃
- 12.7cm連装高角砲

艦橋側面 （1941年）

1/144

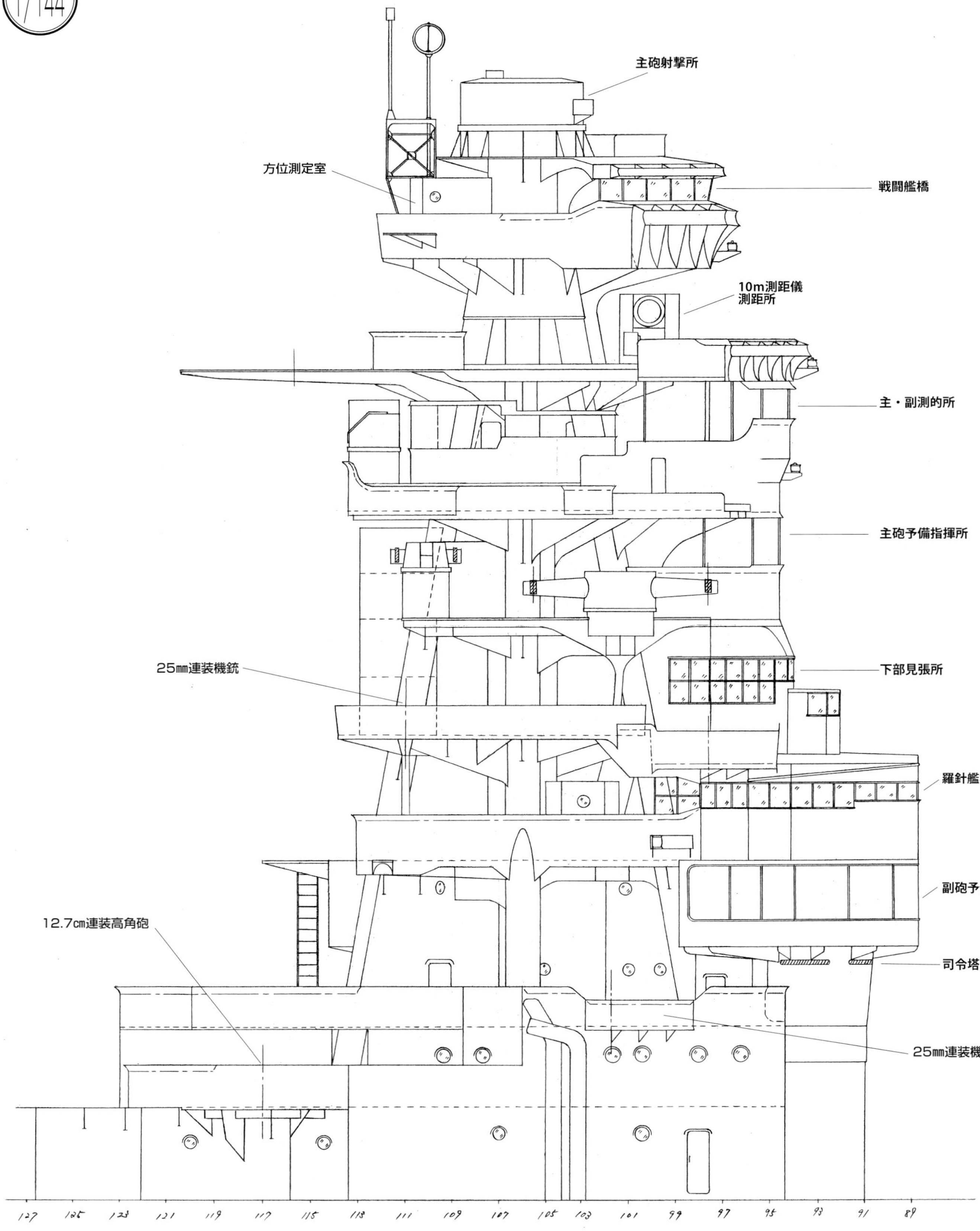

主砲射撃所

方位測定室

戦闘艦橋

10m測距儀
測距所

主・副測的所

主砲予備指揮所

25㎜連装機銃

下部見張所

羅針艦橋

副砲予備指揮所

12.7㎝連装高角砲

司令塔

25㎜連装機銃

127　125　123　121　119　117　115　113　111　109　107　105　103　101　99　97　95　93　91　89

戦艦「陸奥」図面

艦橋構造図

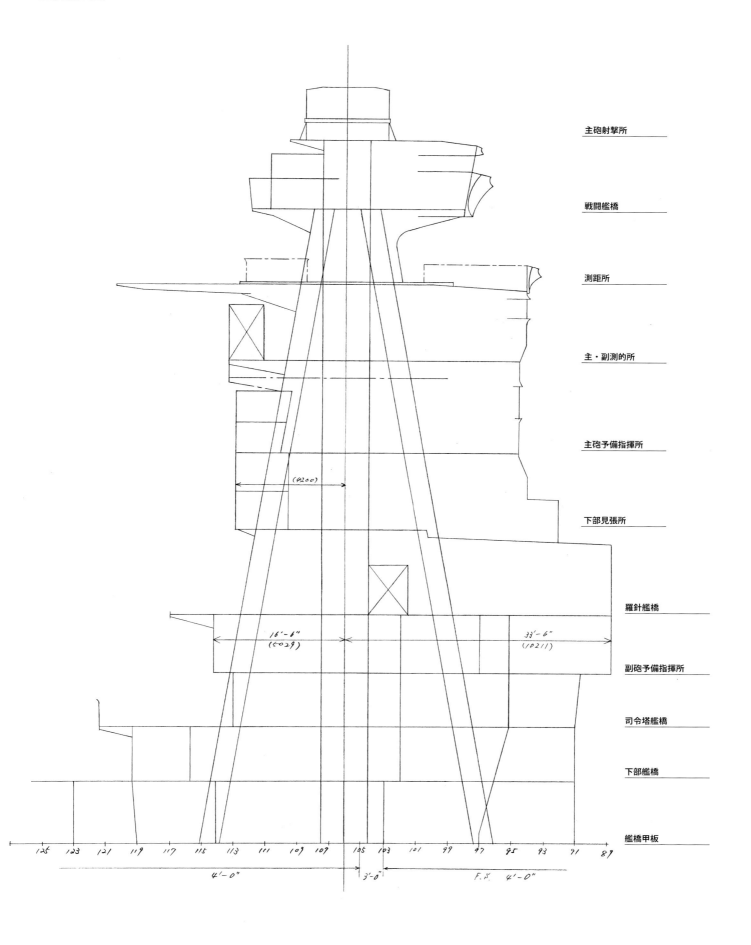

主砲射撃所

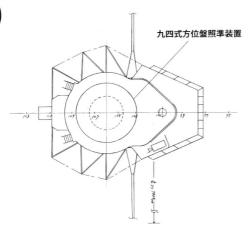

戦闘艦橋

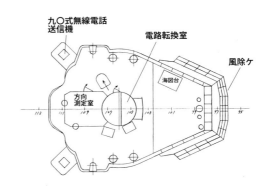

測距所

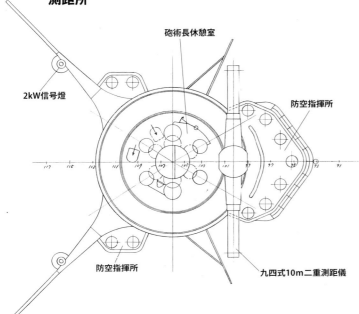

主・副測的所及上部見張所、照射指揮所

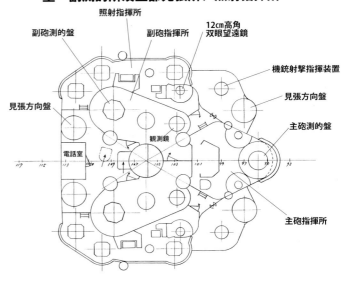

主砲前部予備指揮所

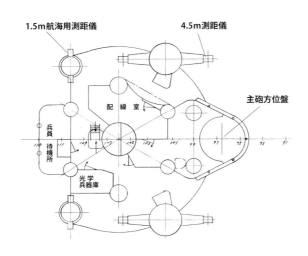

見張指揮所兼下部見張所

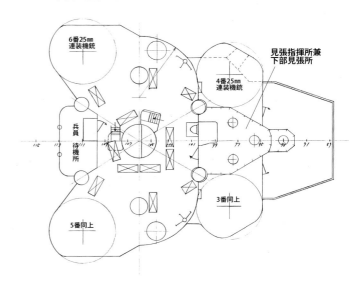

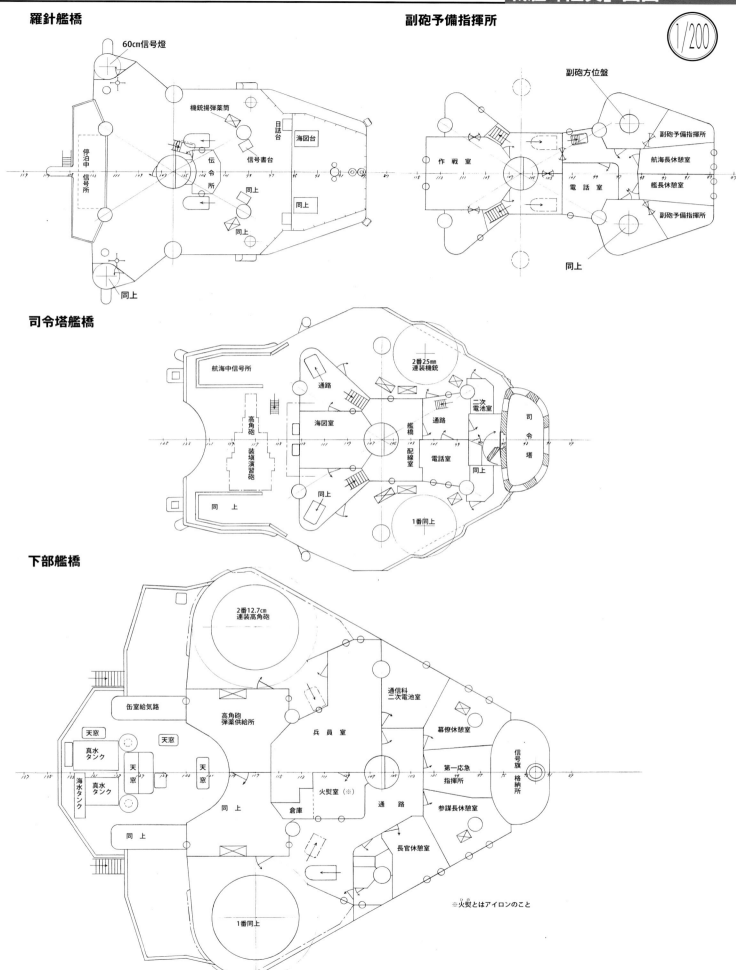

艦橋甲板

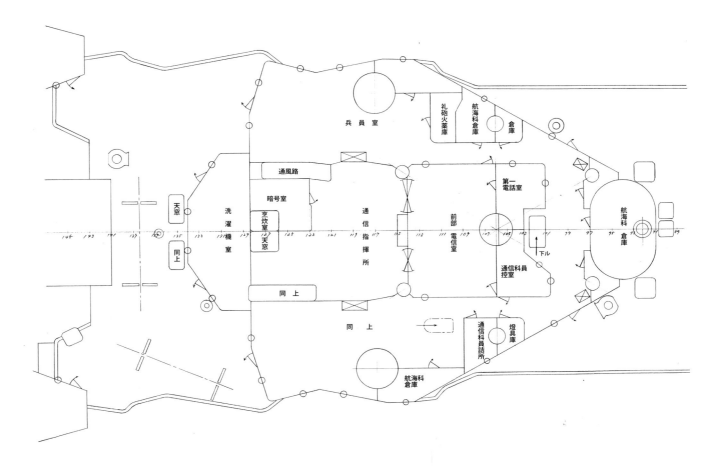

上甲板ニ於ケル支柱平面図

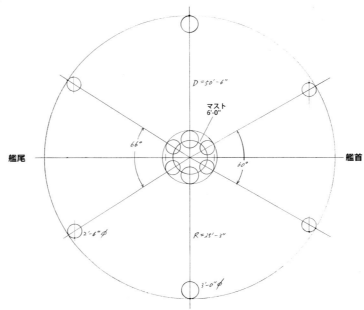

122 中央部煙突周り

　煙突周りは前部艦橋と異なり、作図はかなり難航し推定部も多くなった。

　探照燈台座は高角砲指揮装置台座と同時に屈曲煙突時代の後半に設置されたものを一部改造、探照燈数を4基から6基にしている。この部分は公式図から割り出した寸法で図を描くと写真と合わない箇所があり、また1940年（昭和15年）の末に兵員待機所を真水・海水タンクの上に設置したが、それは平面図にしか描き入れておらず形状に不明部が多くここにも筆者の推定が入っている。25mm機銃装備と同時に設置された同射撃指揮所台座は平面図には描き入れたが、側面図はこれも公式図には描かれておらず、支持ブラケット等の形状が不明のため図示していない。その他応急円材格納所辺りも写真と異なるが、推定透視図としている。

　煙突後部の機銃揚弾薬筒は右舷のものが上段の7、8番、下段は9、10番用でこれは従来より趣味誌等に発表されている内容と異なる（これは航空写真より判断）。

　煙突は旧第二のものを一部改造（あるいは新造かもしれない）して位置も少し前方に移された。

中央部基本構造図

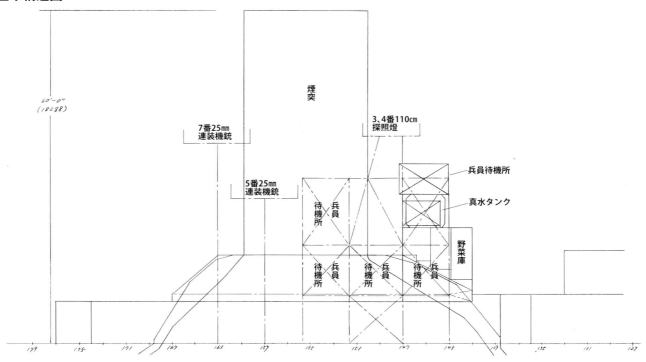

中央部基本構造図（正面）（一部推定）　　　**中央部基本構造図（後面）**

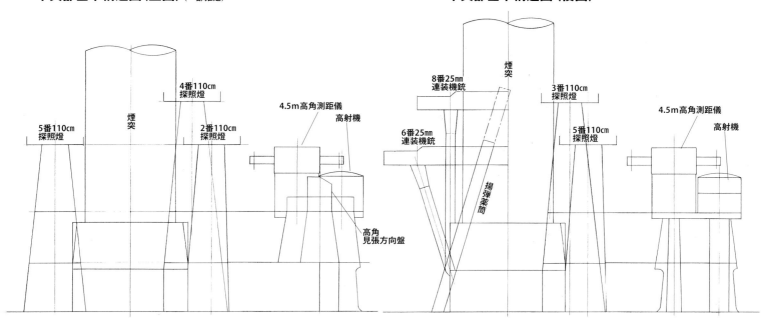

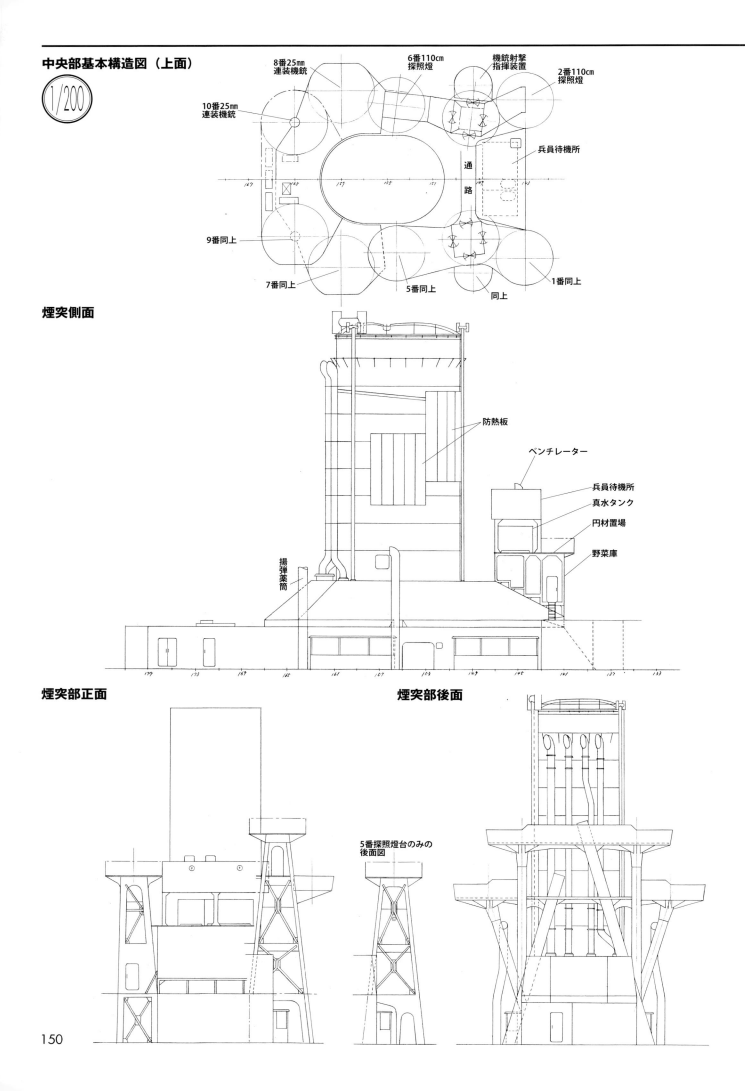

戦艦「陸奥」図面

煙突部側面

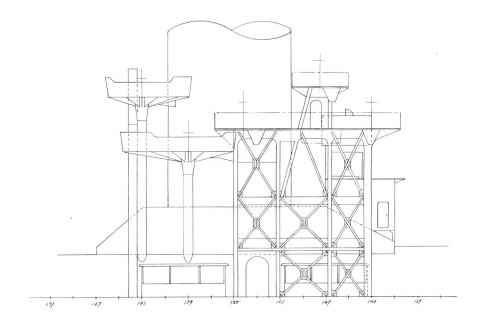

高角砲射撃指揮所右舷側正面

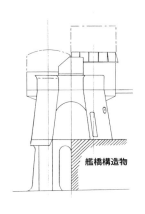

高角砲射撃指揮所右舷側後面

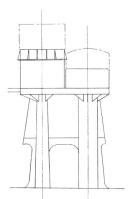

高角砲射撃指揮所右舷側側面

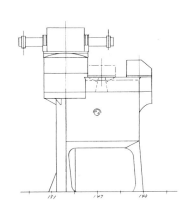

高角砲射撃指揮所平面

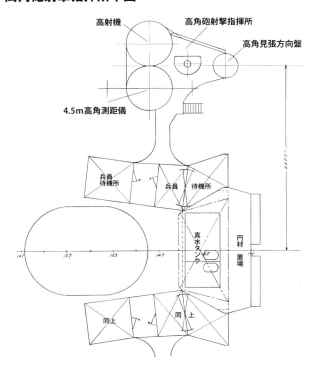

缶柵頂平面

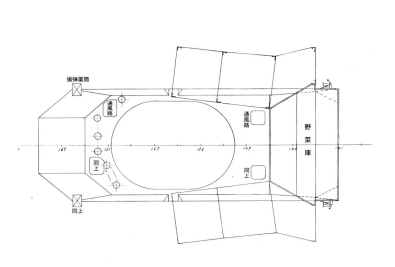

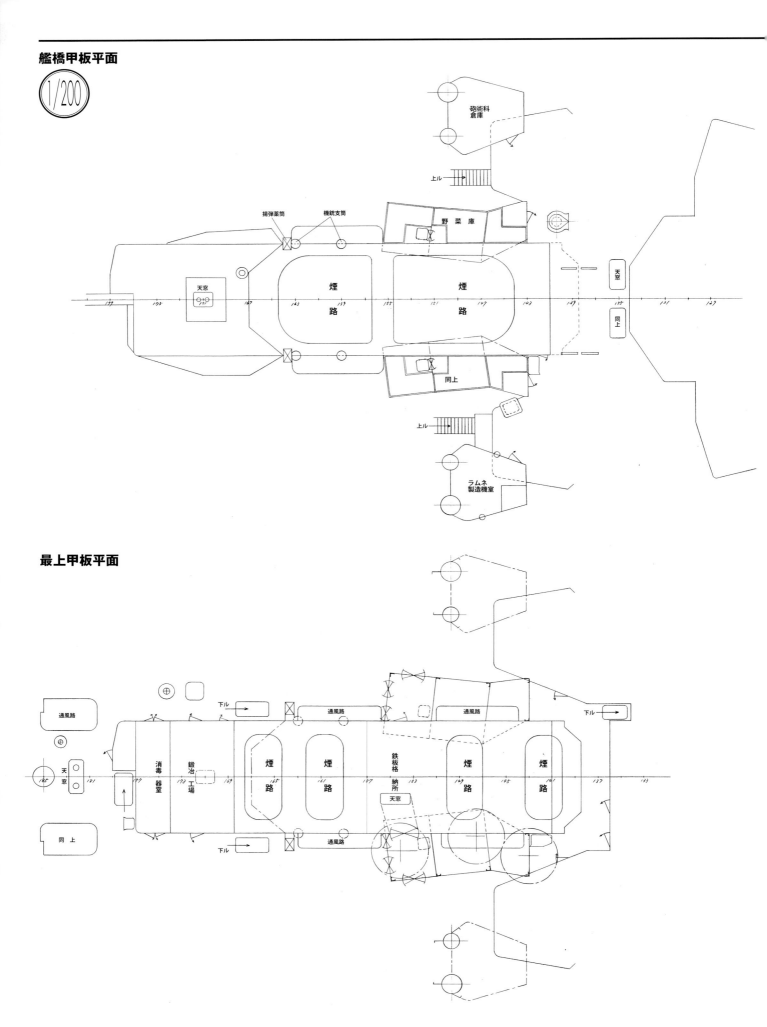

123 後部艦橋

　後部艦橋は舷外側面と艦内側面の両図があり側面形状はほぼ正確に作図出来る。しかし諸艦橋平面図は寸法的に合わない部位が多く、また後面壁の形状は鮮明な写真が殆どなく、ここもある程度推定を加えた。ストラットと外壁板との接続部形状は従来の多くの発表図とは異なりイラストに示す如く三角状の平板を組み合わせ、ストラットの半面は全て露出させている。またカタパルト操作時の足場として平坦面が左舷に2ヶ所設けられている。

　「陸奥」は「長門」より少し遅れて改装に入ったため副砲射撃指揮装置が測距儀と一体となっており、より整然とした外貌を呈している。

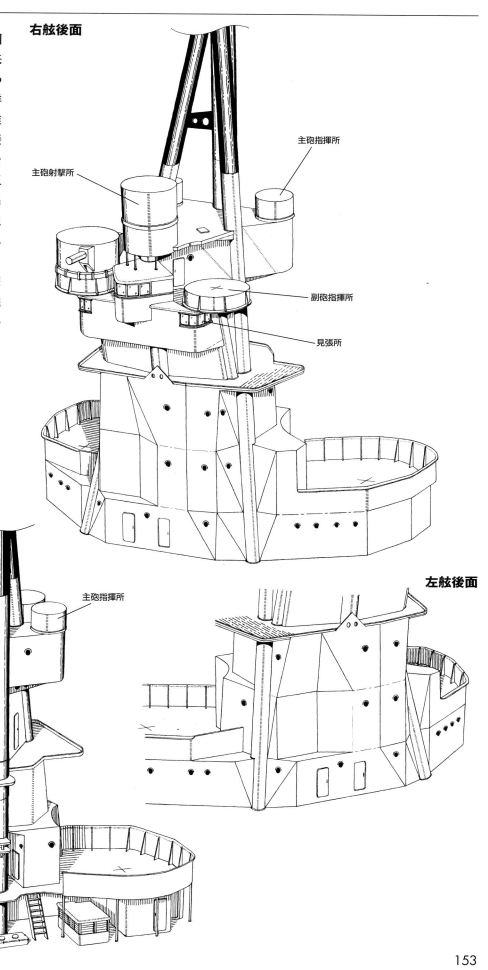

戦艦「陸奥」図面

右舷後面
主砲指揮所
主砲射撃所
副砲指揮所
見張所

正面
副砲指揮所
主砲指揮所

左舷後面

153

後部艦橋基本構造図

中甲板ニ於ケル寸法図（推定）

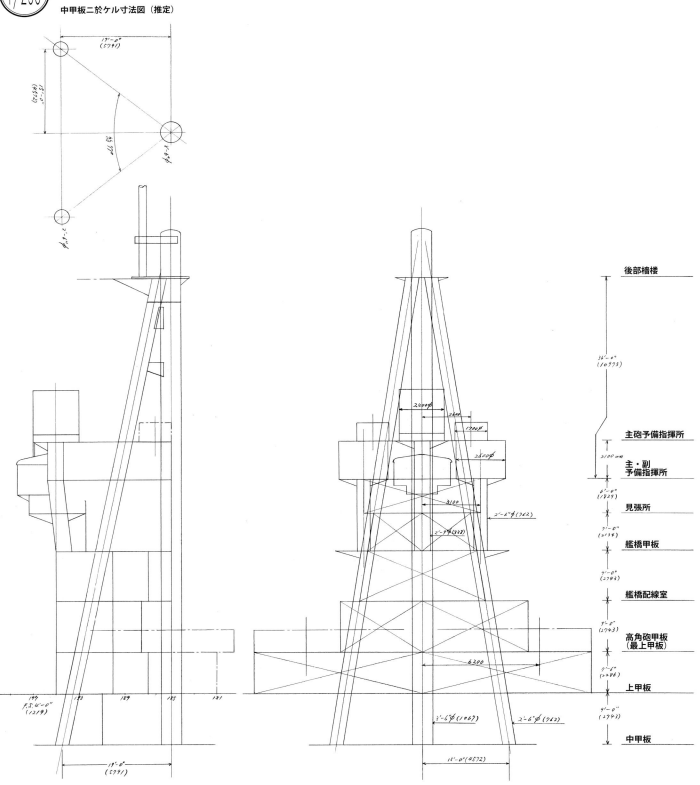

戦艦「陸奥」図面

側面 1/200

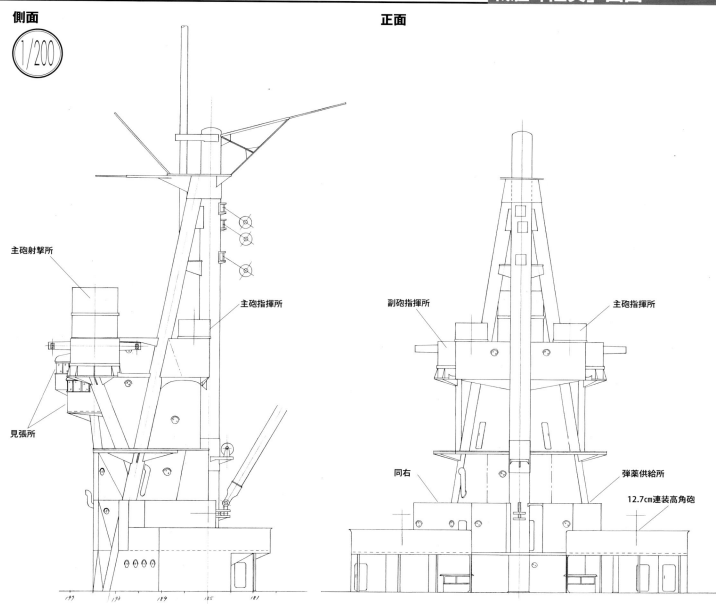

正面

主砲射撃所
主砲指揮所
見張所

副砲指揮所
主砲指揮所
同右
弾薬供給所
12.7cm連装高角砲

後檣トップ

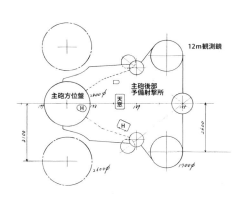

主砲予備指揮所

12m観測鏡
主砲方位盤
主砲後部予備射撃所
天窓

主・副予備指揮所

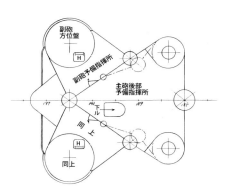

副砲方位盤
副砲予備指揮所
主砲後部予備指揮所
同上

艦橋後面

1/200

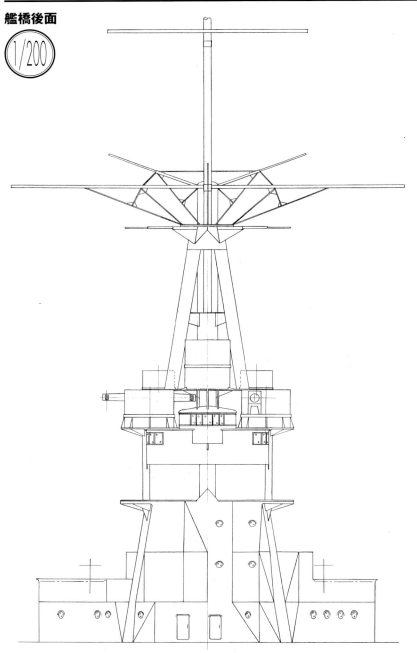

見張所

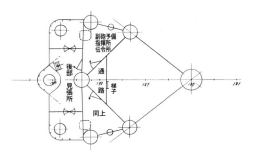

艦橋甲板

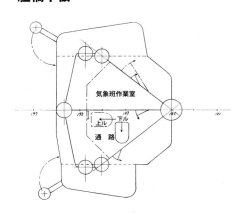

艦橋配線室

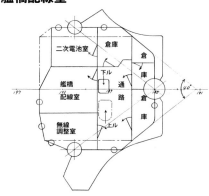

後部高角砲甲板（最上甲板）

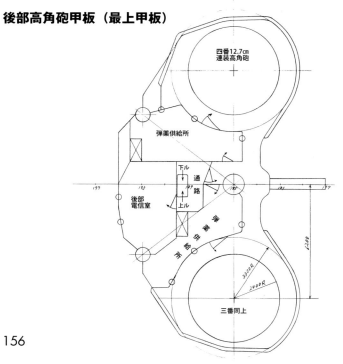

上甲板

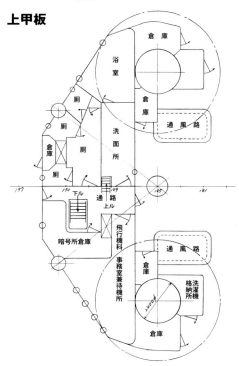

戦艦「陸奥」図面

▲1936年2月、横須賀工廠で大改装中の「陸奥」。艦橋脇の12.7cm連装高角砲は設置されているがそのほかの110cm探照燈や25mm連装機銃などは未装備のようだ。艦橋背面の兵員待機所などもまだ設置されていないため新造時から継承している七脚の艦橋支柱の構造もわかりやすい。　　　　　　　　　　　　　　　　　（写真提供／大和ミュージアム）

◀1936年6月、横須賀工廠で大改装中の「陸奥」。1934年よりはじまったこの大改装も完成間近で上の写真よりも工事は進捗している。2月には未搭載だった副砲や110cm探照燈もこの時点で搭載されている。（写真提供／大和ミュージアム）

13. 戦艦「大和」図面

131 前部艦橋

「大和」型に関して残存している資料の量はあれ程機密事項とされながらも、日本戦艦の中で最も多いと思われる。他の戦艦の様に完成図一式等は残っていないが、艦橋外部付着物の構造図は存在が知られており、また「武蔵」の艦上写真の解析からほぼ正確な寸法算出も可能で、それらを元に作図を行なった。

「大和」型に関しては多くのマニアの方がリサーチ、作図、そして発表をされ、その形状は知られている。前部艦橋で今まで最も不明とされていた部位が下部探照燈甲板の背面形状で、ここを示す写真は鮮明度を欠くもの以外発見されなかった。幸いにして「武蔵」の建造に携わった方のメモが残されており、そこからこの箇所の大体の形状を把握する事が出来た。このメモの一部は既に公表され、該

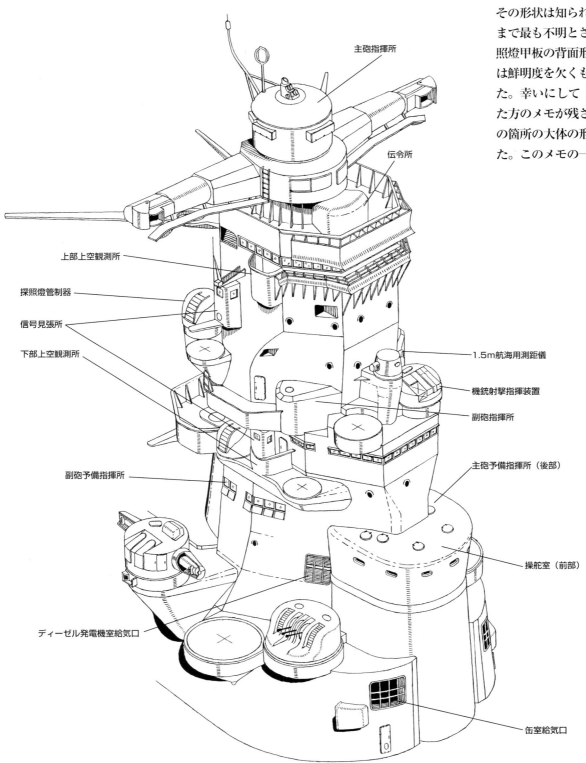

戦艦「大和」図面

当の部分は未発表の中にあったものでフリーハンドで描かれている。これとトラック島で撮られた右舷後方からの写真と建造中のそれから推定を加え作図した。この部位は舷窓が多く描かれ、水密扉も2枚とされている発表図が多いが、「大和」型艦橋の舷窓は閉塞区画（作戦室、待機室等）は1ヶ所か多くても2ヶ所、通路には設けず、艦外に出る水密扉は通路を通る部位のみという原則に従って作図した。外壁面が一部不連続となるが、その部分は張出部（スポンソン）の下部カバー内で消化消滅させる（これは他の部位でも認められる）構造としている。「大和」型艦橋最大の特徴は極力小型化を図ること。排煙の逆流を防ぐため背面外壁を可能な限り凹凸をなくし曲面仕上げとした点にある。

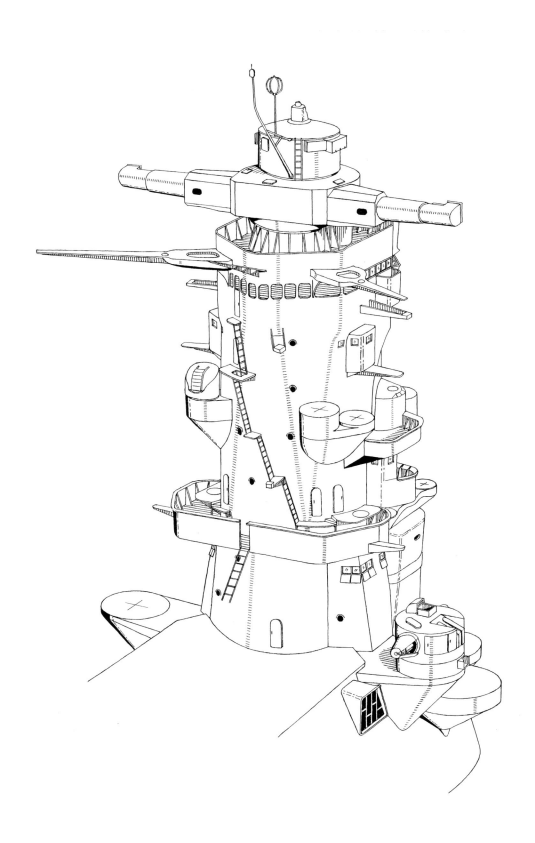

159

艦橋正面（1941年）

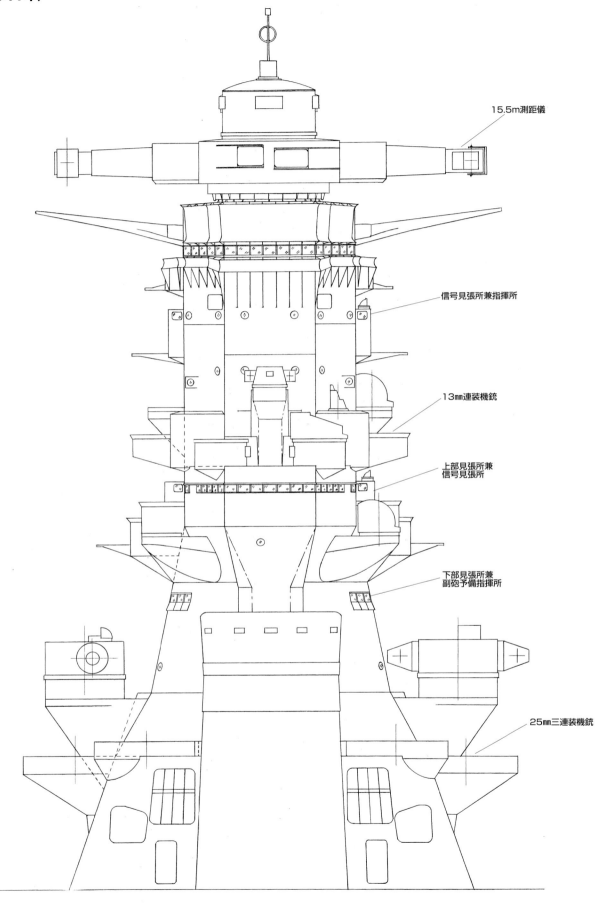

艦橋後面（1941年）

戦艦「大和」図面

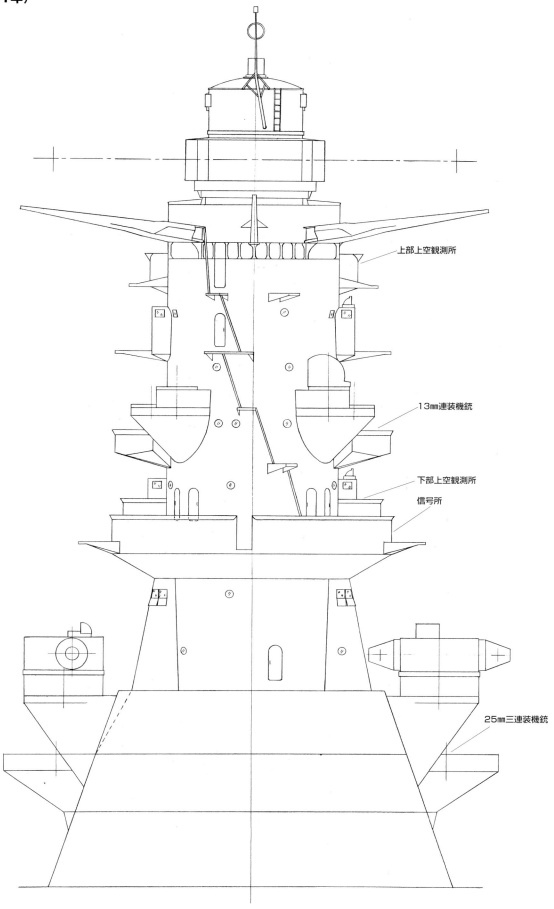

上部上空観測所

13mm連装機銃

下部上空観測所
信号所

25mm三連装機銃

艦橋側面（1941年）

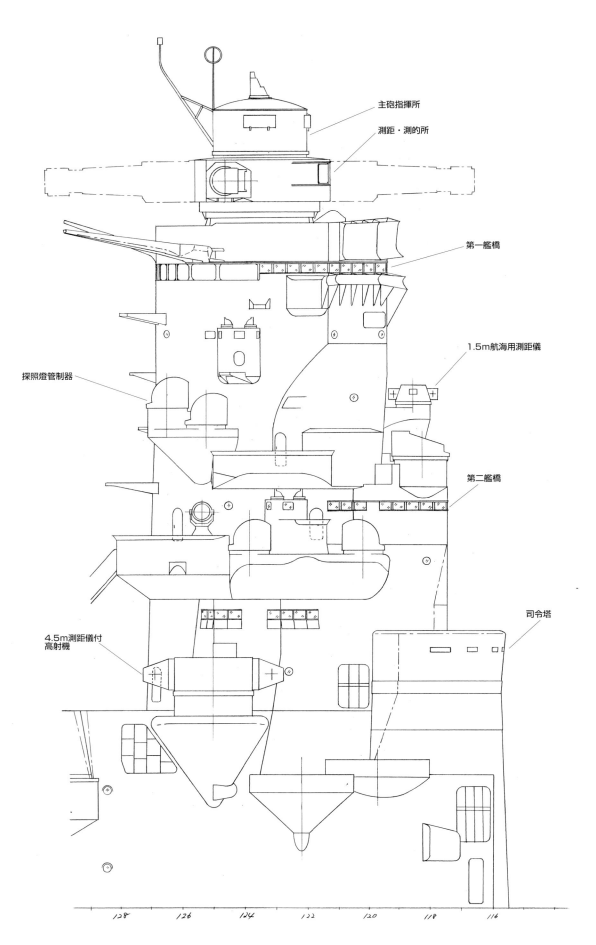

主砲指揮所
測距・測的所
第一艦橋
1.5m航海用測距儀
探照燈管制器
第二艦橋
4.5m測距儀付高射機
司令塔

戦艦「大和」図面

艦橋寸法図 側面（1941年）

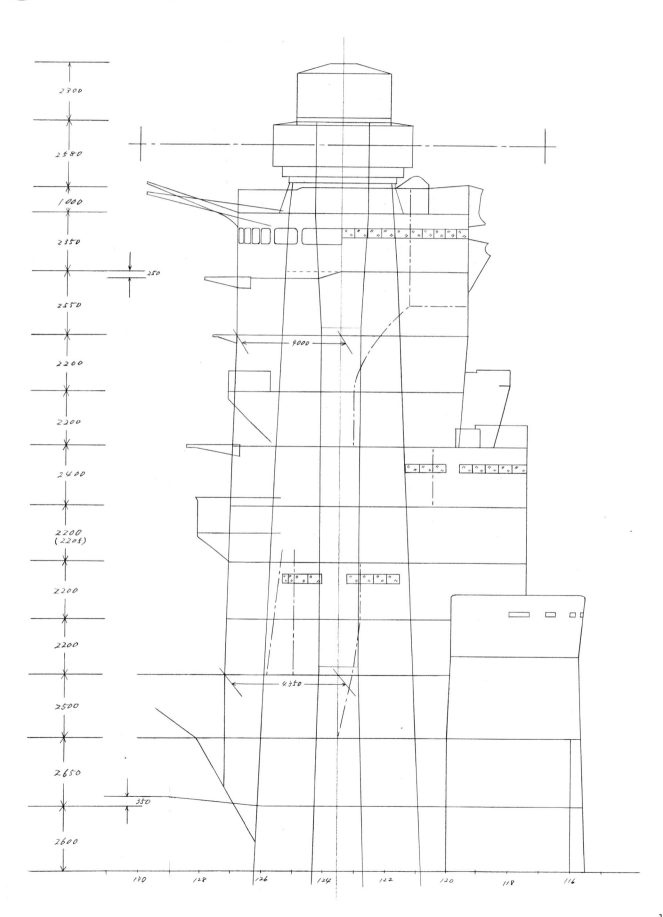

前檣正面・後面寸法図（1941年）

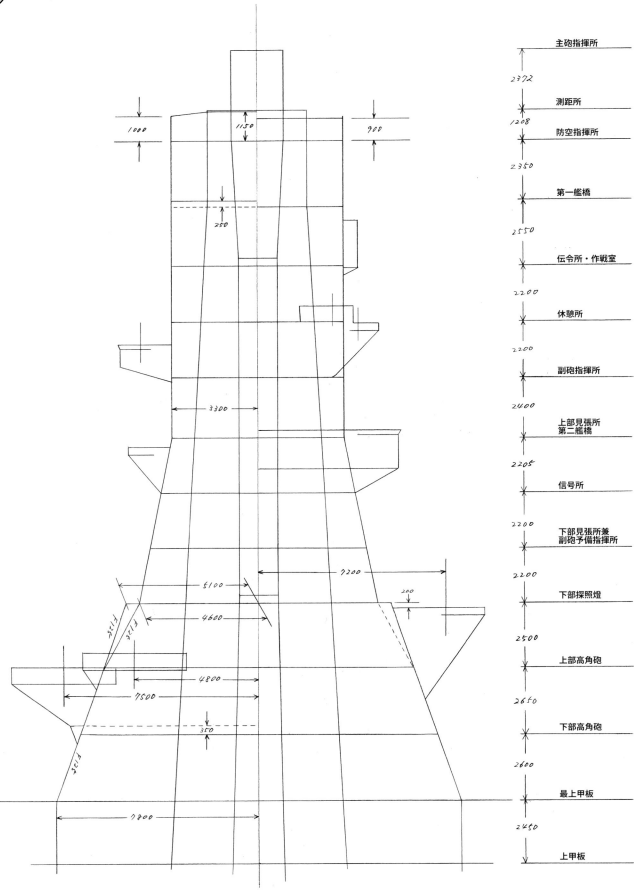

戦艦「大和」図面　1/200

主砲指揮所

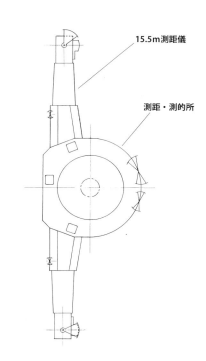

15.5m測距儀
測距・測的所

防空指揮所

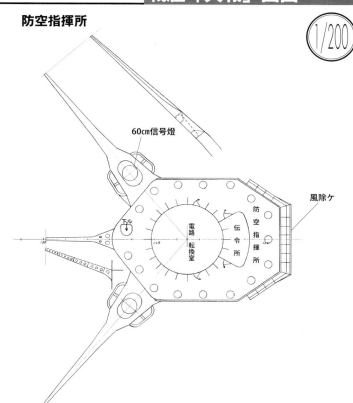

60cm信号燈
風除ケ

第一艦橋

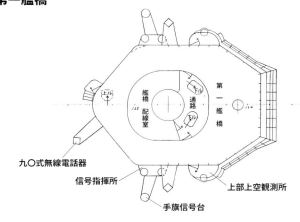

九〇式無線電話器
信号指揮所
手旗信号台
上部上空観測所

伝令所及作戦室

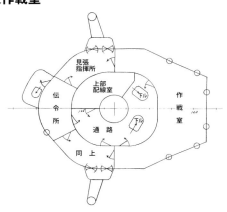

休憩所

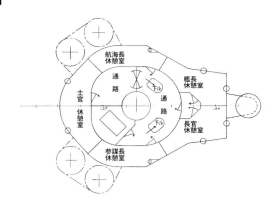

航海長休憩室
士官休憩室
艦長休憩室
長官休憩室
参謀長休憩室

副砲指揮所

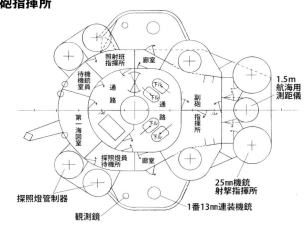

照射班指揮所
待機機銃室員
第二海図室
探照燈待機員
探照燈管制器
観測鏡
1.5m航海用測距儀
25mm機銃射撃指揮所
1番13mm連装機銃

第二艦橋及上部見張所

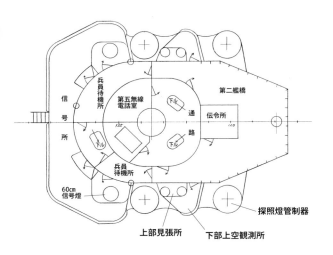

信号所甲板

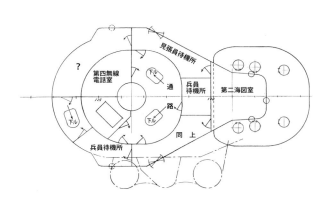

下部見張所兼副砲予備指揮所

下部探照燈甲板

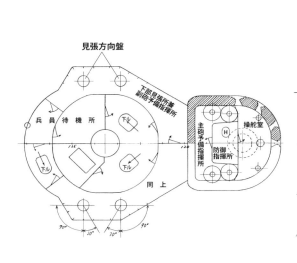

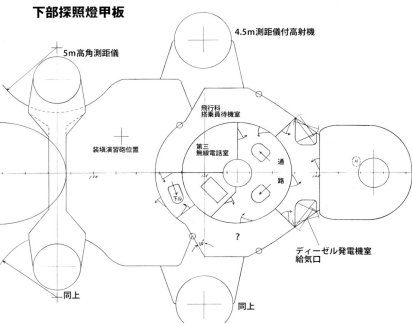

上部高角砲甲板

戦艦「大和」図面

下部高角砲甲板

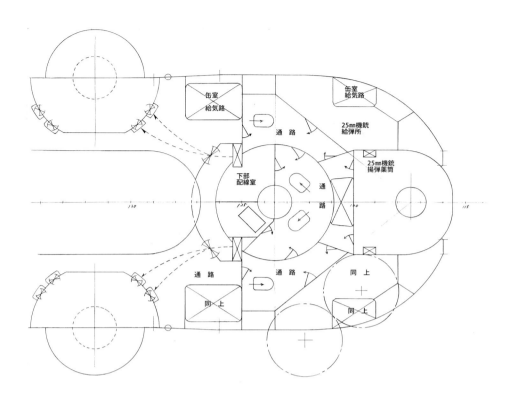

最上甲板

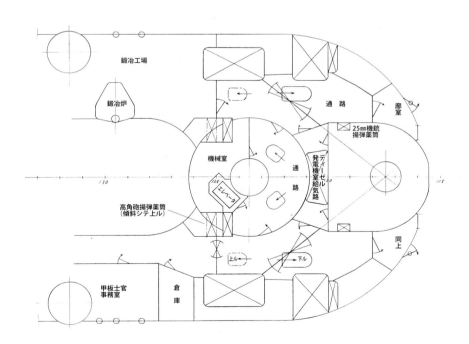

132 中央部煙突周り

　中央部及び後部艦橋も前部艦橋と同じく大体の形状は知られている。

　筆者が作図のために最も着目したのが下部探照燈甲板の最大幅である。これを推定算出するために利用したのが天皇行幸記念写真である。2番高角砲横に写っているラッタルの傾斜角と撮影レンズ光軸と船体首尾線とが成す角度を割り出し、この両値から最大幅5100mmを算出した。因みに中央構造物の最上甲板における最大幅は残存資料より7800mmと判明している。その後、三菱作成の鍛冶工場断面図を入手、その図からの値を5000mm強と測定し、以上より5100mmの値を採用した。

　「大和」型の特徴は高角砲支柱が中央構造物外壁と接する部位の処理にある。同じ様な例は「扶桑」型に存在するが、図1の如く両者で鋭角を造った場合（これは3、4番機銃座、3、4番高角砲座にも該当するが、ここの処理は作図の通りである）、「扶桑」型は整流板を設けて風の流れを円滑にしているが、「大和」型は外壁そのものを支柱の最大幅位置かそれより前方に置く設計としている。この条件を満たして作図すると前記甲板の最大幅は5100mmとなる。

　その結果、外壁形状は側面図説明の如く傾斜面と垂直面が混在するが、これらは全て公表写真から判定出来る。

　三脚マストは最上甲板からヤード先端までの高さの値は資料に基づいているが、他は全て筆者の推定値である。

　後部艦橋は構造図が知られており、これと公表写真からほぼ正確な作図が可能である。

　「大和」型に限らず細部において発表されたそれぞれの図に差異が認められるが、どれが最も実艦に近いかは読者の方が決められる事である。

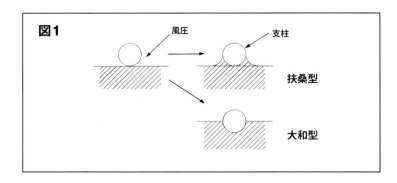

中央部寸法図

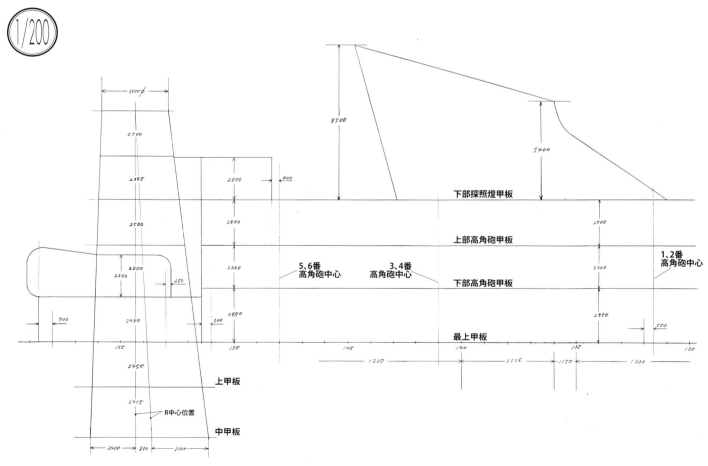

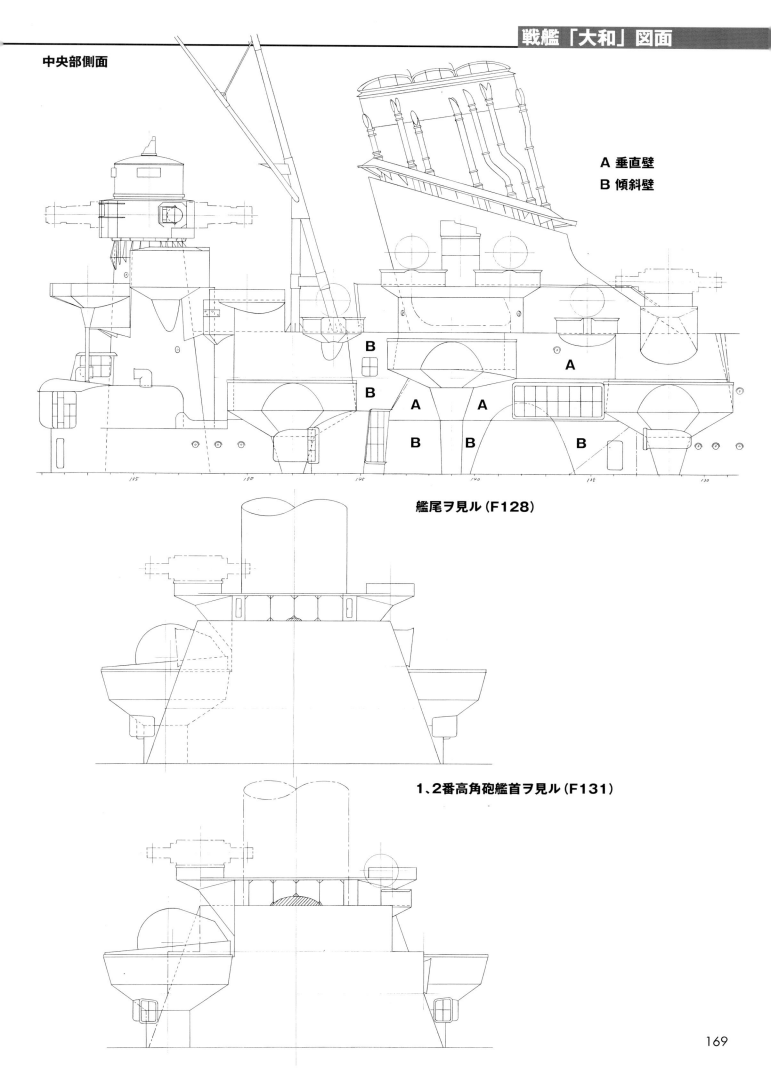

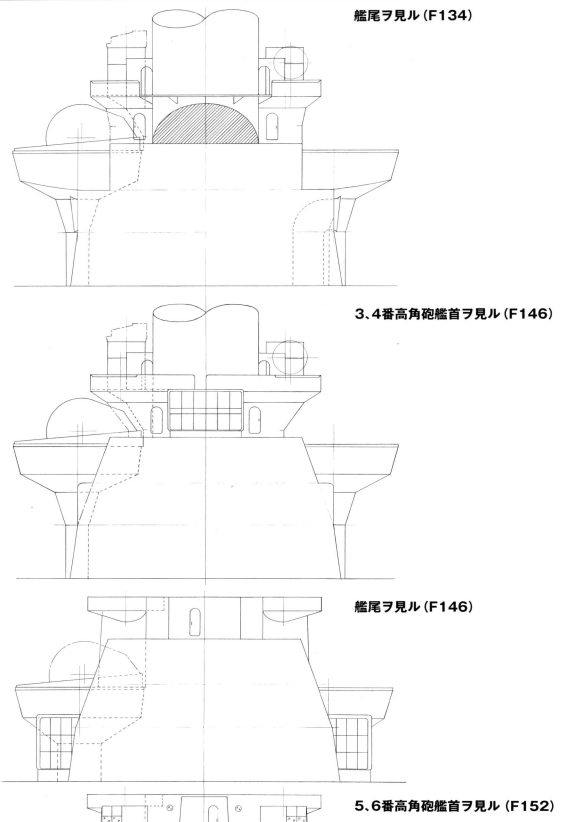

艦尾ヲ見ル（F134）

3、4番高角砲艦首ヲ見ル（F146）

艦尾ヲ見ル（F146）

5、6番高角砲艦首ヲ見ル（F152）

戦艦「大和」図面

測距・測的所

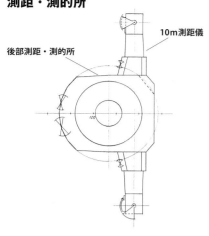

副砲予備指揮所

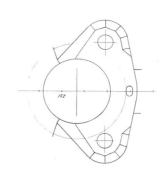

煙突頂部

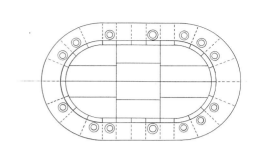

上部探照燈及機銃甲板平面

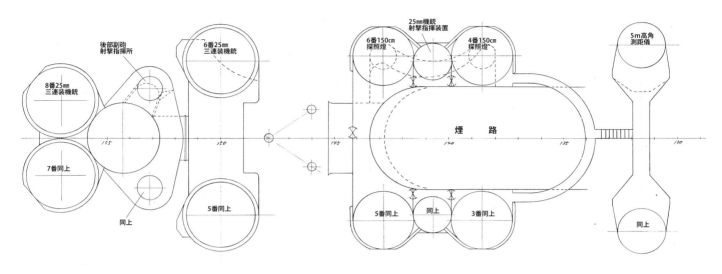

下部探照燈甲板

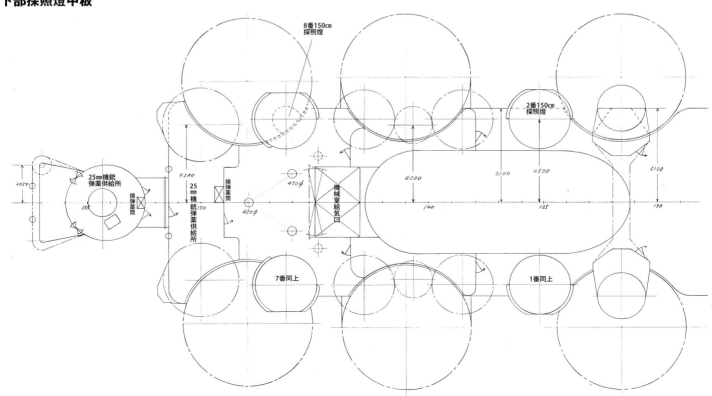

171

上部高角砲甲板／下部高角砲甲板

1/200

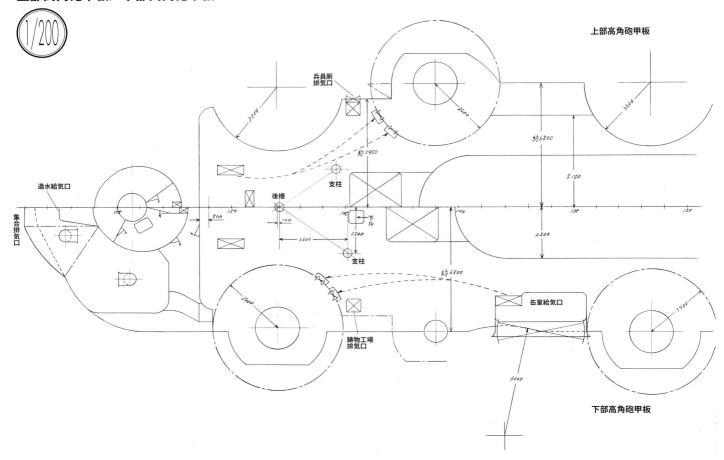

最上甲板

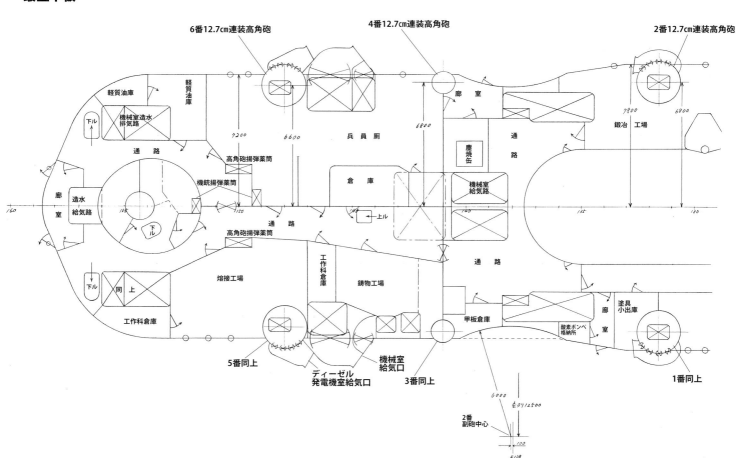

133 後部艦橋

戦艦「大和」図面

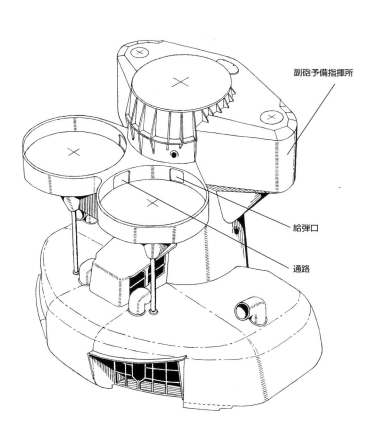

- 副砲予備指揮所
- 給弾口
- 通路

艦橋正面

1/200

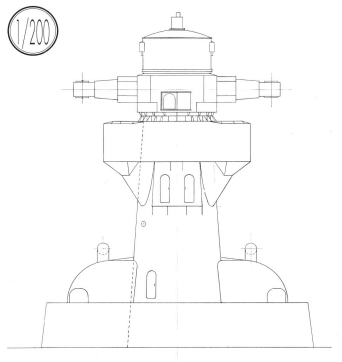

艦橋後面

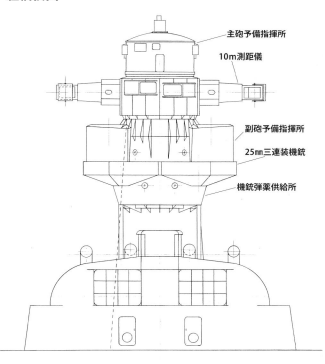

- 主砲予備指揮所
- 10m測距儀
- 副砲予備指揮所
- 25mm三連装機銃
- 機銃弾薬供給所

173

後檣

1/200

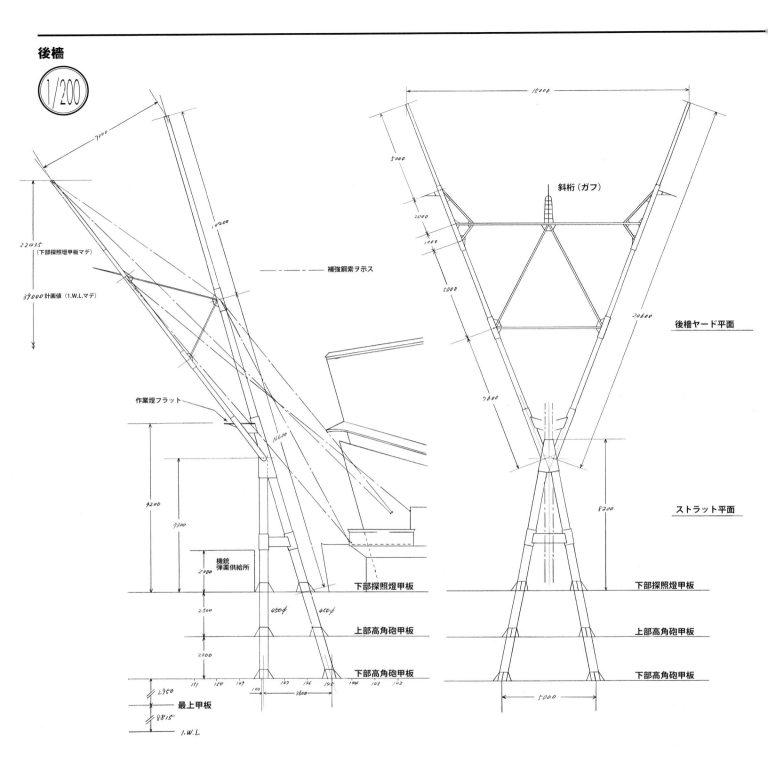

174

著者紹介

水谷清高
Kiyotaka MIZUTANI

1944年（昭和19年） 名古屋生まれ。

幼少時より乗り物に興味を抱き模型工作に没頭。小学3年の時、新東宝映画「戦艦大和」を観た折、父親から「大和とは世界最大の軍艦だった」と聞かされ、軍艦が趣味対象の中心となる。中学1年時、松本喜太郎氏著『戦艦大和その生涯の技術報告』、福井静夫氏著『日本の軍艦』の二大名著の存在を知り読破、大和型戦艦及び旧海軍艦艇の概要を学ぶ。

東北大学卒業後、製薬会社に勤務、職務の関係で東京在住時、同好の諸氏と値遇を得る。特に森恒英、長谷川藤一両氏からは多くの薫陶を受ける。

転勤生活が続き模型製作は断念、公式資料に基づいて作図、作画を試み現在に至る。

他に鉄道写真、カメラいじり、絵画、音楽鑑賞等の趣味あり。群馬県高崎市在住。

水谷清高図面集
日本海軍戦艦スタイルブック
艦橋・上部構造物
Imperial Japanese Navy Battleship Stylebook
Bridges and supperstructures

■ スタッフ STAFF

文・図版 Text & Illustration
水谷清高　Kiyotaka MIZUTANI

編集 Editor
後藤恒弘　Tsunehiro GOTO
吉野泰貴　Yasutaka YOSHINO
野原慎平　Shinpei NOHARA
吉田伊知郎　Ichirou YOSHIDA
堀　和貴　Kazuki HORI

アートデレクション Art Director
横川　隆　Takashi YOKOKAWA

写真提供 Photograph
大和ミュージアム

DTP
後藤恒弘　Tsunehiro GOTO

協力 Special Thanks to
畑中省吾　Shougo HATANAKA

水谷清高図面集
日本海軍戦艦スタイルブック
艦橋・上部構造物
水谷清高著

発行日　2018年9月29日　初版第1刷

発行人　小川光二
発行所　株式会社 大日本絵画
〒101-0054
東京都千代田区神田錦町1丁目7番地
Tel 03-3294-7861 （代表）
URL; http://www.kaiga.co.jp

編集人　市村弘
企画／編集　株式会社 アートボックス
〒101-0054
東京都千代田区神田錦町1丁目7番地
錦町一丁目ビル4階
Tel 03-6820-7000 （代表）
URL; http://www.modelkasten.com/

印刷　大日本印刷株式会社
製本　株式会社ブロケード

内容に関するお問い合わせ先：03（6820）7000
　（株）アートボックス
販売に関するお問い合わせ先：03（3294）7861
　（株）大日本絵画

Publisher/Dainippon Kaiga Co., Ltd.
Kanda Nishiki-cho 1-7, Chiyoda-ku, Tokyo
101-0054 Japan
Phone 03-3294-7861
Dainippon Kaiga URL; http://www.kaiga.co.jp
Editor/Artbox Co., Ltd.
Nishiki-cho 1-chome bldg., 4th Floor, Kanda
Nishiki-cho 1-7, Chiyoda-ku, Tokyo
101-0054 Japan
Phone 03-6820-7000
Artbox URL; http://www.modelkasten.com/

©株式会社 大日本絵画
本誌掲載の写真、図版、イラストレーションおよび記事等の無断転載を禁じます。
定価はカバーに表示してあります。
ISBN978-4-499-23245-6